中高档装饰工程
造价估算指标及应用分析

上海申元工程投资咨询有限公司　主编

上海科学技术出版社

图书在版编目（CIP）数据

中高档装饰工程造价估算指标及应用分析 ／ 上海申元工程投资咨询有限公司主编. -- 上海 ： 上海科学技术出版社，2021.1
ISBN 978-7-5478-5150-0

Ⅰ．①中… Ⅱ．①上… Ⅲ．①建筑装饰－工程造价 Ⅳ．①TU723.3

中国版本图书馆CIP数据核字(2020)第225686号

内容提要

本书根据装饰工程的内容和特点，结合多年来参与项目的实际案例，提炼、归纳和总结出中高档装饰工程项目的造价数据，包括酒店、办公建筑、普通住宅、别墅、体育馆、大剧院、医院、机场、火车站、餐厅酒吧、专卖店、奢侈品店等不同项目类别的室内空间装饰造价指标，并根据不同外墙做法阐述玻璃、大理石、陶土、金属、涂料等不同材质的外墙装饰造价指标，以及其造价对应的建造材料和工艺。本书主要内容包括装饰总论、装饰造价估算指标、装饰造价估算实例，其中的造价数据和装饰标准对于实际项目建设前期造价估算具有指导作用，能反映出通常装饰项目的经济性，同时对已完工项目有一定的参考对比意义。

中高档装饰工程造价估算指标及应用分析

上海申元工程投资咨询有限公司　主编

上海世纪出版（集团）有限公司
上海科学技术出版社　　出版、发行
（上海钦州南路 71 号　邮政编码 200235　www.sstp.cn）
上海雅昌艺术印刷有限公司印刷
开本 787×1092　1/16　印张 17
字数 350 千字
2021 年 1 月第 1 版　2021 年 1 月第 1 次印刷
ISBN 978-7-5478-5150-0/TU·302
定价：130.00 元

序

中国经济发展已经进入新常态，基础设施建设和新型城镇化建设依然是拉动中国经济的主要动力。改革开放以来，随着我国国民经济高速持续地发展，我国的投资体制改革也在不断地深化，政府财政投资和社会资本投资对建设项目的投资管理和投资效益都提出新的要求。全过程投资控制的理念和方法已经成为整个社会投资管控的基本共识和必要手段，这为新常态下的建设投资管理打下了良好的基础。

建设项目的全过程投资控制就是将建设项目的成本计划和成本控制延伸到建设过程的决策阶段、设计阶段、招标阶段、施工阶段和竣工运维阶段。根据著名的"凯利曲线"和建设项目投资控制的经验，将建设项目投资控制的时点前移，聚焦在决策和设计阶段，是控制建设项目投资最有效的手段和方法。而造价指标和技术经济分析能为政府决策部门、社会资本投资方、设计专业技术人员和造价咨询同行在项目前期决策过程中提供专业的决策参考。

建设项目的直接成本主要归类为土建成本、机电安装成本、装饰成本和其他费用成本。其中，土建、机电安装成本取决于建设项目的规模形态、规范、功能、建设区域和建设工期的长短，一般同类建设项目的土建、机电安装成本差异并不是很大。而装饰工程则根据业主的建设标准不同，建设成本有时会差异很大，特别是大中型中高档建设项目，业主都会对建设项目的装饰工程提出特殊的要求。一般装饰工程都处在项目建设的后期，如果对装饰工程没有明确的标准界定和成本控制，很多项目会因装饰成本超支造成项目总体投资目标管控失败。

上海申元工程投资咨询有限公司长期致力于建设项目全过程投资控制的理论研究和方法实践，10多年前根据所积累的工程经验编制出版的《建设工程造价估算指标与应用分析》，从土建、机电安装成本的角度阐述了建设项目的成本构成与造价分析。在此基础上，他们又收集整理了近年来所参与过的重大工程的中高档装饰工程典型案例，编制了《中高档装饰工程造价估算指标及应用分析》，旨在更完整、详细地阐述建设项目的成本构成与成本分析，帮助相关专业人员在建设项目的决策和设计阶段能更科学、专业地对建设项目建立投资估算，建立成本目标计划，从而实施全过程的投资计划与管理。

当前，全球处于知识经济的时代，信息化的浪潮席卷各行各业，这既是机遇，也是挑战。相信这本以上海申元工程投资咨询有限公司数据平台为依托的《中高档装饰工程造价估算指标及应用分析》将会在大数据时代发挥更好的作用，也希望广大的造价咨询企业能够分享更多的经验和成果，为繁荣建设项目投资控制事业贡献造价工程师应尽的职责。

吴佐民

中国建设工程造价管理协会专家委员会常务副主任

2020 年 10 月

前　　言

改革开放 40 多年以来，我国国民经济发展突飞猛进，城市化建设如火如荼，项目日趋"高大上"，对建设项目投资控制管理提出了越来越高的要求，其中装饰成本也逐渐成为整个建设项目投资中不可忽视的管理要素。在项目前期策划、投资决策阶段所进行的投资估算指标的准确性和符合性，如今变得尤为重要，它关系到整个建设项目全过程投资控制的成效。通过 40 多年建设项目全过程投资控制积累的经验，我们认为一个匹配的装饰成本指标和装饰建造标准是目前装饰工程造价管控所必需的。

为了弥补造价中装饰成本方面的空白，承担企业对行业和社会的责任，上海申元工程投资咨询有限公司集中十多位专业从事中高档装饰造价管控的造价师合力编写本书，收集了十多年来典型工程实例，着力于分析中高档装饰与造价之间的微妙关系，探求设计艺术对于装饰成本之影响，同时反映不同类型项目装饰造价指标，以便对项目的中高档装饰进行一个粗略的定位，给全过程装饰投资控制予以指导。

本书分为上、中、下三篇。上篇概括介绍室内外装饰的发展史和目前新技术发展，以及本书估算指标的使用说明。中篇是不同建筑类型，如酒店、办公、普通住宅、别墅、体育馆、大剧院、医院、机场、火车站、餐厅酒吧、专卖店、奢侈品店等室内空间的装饰造价估算指标数据。同时，根据不同外墙做法阐述玻璃、大理石、陶土、金属、涂料等不同材质的外墙装饰造价指标，及其造价对应的建造材料和工艺。下篇是装饰造价估算实例。

本书从装饰造价指标出发，以详细的数据描述装饰造价，并配上相应档次装饰效果的图片，意在映射"装饰效果"与"造价指标"关系的统一。由此可见，在现代项目管理技术中，不是单独强调某个方面，而是更多地协调各个方面的关系，使得各个方面能匹配和适合，更多地注重方案和技术条件下的经济合理性。

希望本书的读者不仅从造价数据的角度来理解装饰工程，还能从更高的视角来解析这些数据；不仅了解造价数据，更需要了解装饰工艺、材料特性、施工工序，让实施过程中的成本、质量、进度尽可能适合设计本来的意图，让造价匹配设计艺术，共同建造出"精致"和"优美"的空间环境和外观表现，让建筑成为一个个凝固时间的作品，让建设者成为时代的建造者。

本书在编写的过程中，除华东建筑集团股份有限公司给予一定的帮助和支持外，上海申元工程投资咨询有限公司各部门经理和主要项目经理部成员协助收集第一手的数据和资料，以及各项目的业主委托方、室内设计公司、材料供应商也提供了大量的重要资料和数据。由于参与提供数据的人员众多，无法一一列出，在此一并致谢。没有这些基础数据和资料，就无法为本书提供扎实的数据基础，感谢各位同行辛勤付出，在此我们表示衷心的感谢！

赵挺枫　姚文青　杨　闯

2020 年 10 月

编 委 会

主 编

上海申元工程投资咨询有限公司

赵挺枫　姚文青　杨　闯

主 审

刘　嘉　奚耕读　周越飞

主要编写人员

林家乐　黄　辉　张　巍　李　莉

目　　录

上篇　装饰总论

中篇　不同类型建筑装饰造价估算指标

下篇　装饰造价估算实例

上　篇
装 饰 总 论

第一章 建筑装饰和装饰造价概述

一、建筑装饰概述

装饰来源于"美"的表现，"装饰"一词意为"修饰，打扮"。此词来自《后汉书·梁鸿传》："女求作布、衣麻屦，织作筐、辑绩之具。及嫁，始以装饰入门。""美"是人类与生俱来的天性，从人类对面部的化妆、穿着的服装、使用的工具，无不有"美"的影子。当然，为满足人类社会生活需要的建筑亦存在"美"，即建筑装饰。

1. 建筑装饰的定义

建筑装饰主要有四种解释方法，分别是"组成"说、"归属"说、"本身"说和"六面"说。这四种说法分别从不同的角度对装饰进行了详尽的解释。若对这四种说法进行归纳，可以总结出建筑装饰的定义：建筑装饰是建筑工程的一个有机组成部分，具体指建筑外立面或室内设计专业人员运用建筑工程学、人体工程学、环境美学、材料学等知识，采用装饰材料或饰物，对建筑物的内外表层及空间进行的各种处理，以起到保护建筑物的主体结构、完善建筑物的使用功能和美化建筑环境的作用。

2. 建筑装饰的主要内容

建筑装饰的主要内容包括建筑物室内外各界面（地面、墙面、柱面、顶面等）和各界面上与建筑功能有关的专业及其设备，以及最终完成整个装饰效果的设施等。从广义上来讲，建筑装饰亦可以涵盖空间装饰的固定构件和活动的摆设，即室内装饰包含装饰的六个面，以及六个面空间以内的家具、装置和摆设等一切装饰物件；室外装饰包含建筑物外部四个立面和顶面，以及室外立面上的装置和配件等一切装饰物件。

3. 建筑装饰的作用

1）保护建筑物构件，提高耐久度

组成建筑物各种构件的材料由于时刻受到光照、冰冻、雨淋、风吹等自然条件的侵蚀，以及摩擦、撞击等人为因素的影响，会产生不同程度的老化、风化、腐蚀或损坏（如钢铁制品由于氧化而锈蚀，水泥制品表面受大气侵蚀而疏松，大理石受大气侵蚀而失光、风化，竹木等有机纤维材料受到微生物侵蚀而腐朽等）。由此，可通过合理运用饰面装饰工程，如抹灰、贴面、涂漆、电镀、密封等处理手段，提高建筑物构件防锈、防腐、抗冲击等能力，使其经久耐用，以实现对建筑物不同构件的保护。

2）体现建筑艺术效果，提升美感

建筑装饰是建筑设计艺术的重要组成部分，是将抽象的建筑美学概念转化为现实效果的主要技术手段。通过装饰可以使建筑具有独特造型的外观和清新舒适的室内环境条件，令人神往而又心情愉悦；表达特定空间的设计美学涵义，阐释设计者对空间意境的理解及其设计者的性格、情怀和感情多种情愫；更让身处其境的后来者通过此空间在当时当地的自我感触，产生内心情感的交流。

3）优化空间结构，方便生产、生活

建筑装饰亦可改善室内外的空间结构，让其功能和用途更符合使用者的需求。如厨房、卫生间采用瓷砖贴面处理不仅可以大幅改善其视觉效果，且由于瓷砖贴面在防潮防霉方面的作用，使该区域更易保持清洁卫生，以满足人们生活、工作中的艺术享受和使用要求。

4）改善构件围护，建筑使用性能

建筑围护性能的实现，除了主体结构的作用外，在很大程度上依赖于其装饰的方法和效果。例如用保温材料处理后的墙面，吊顶可改善其热工性能；利用饰面材料的色彩、光泽、肌理、透光率等，可改变室内光亮度等光学性能；借助饰面形态和饰面材料对声音的吸收和反射的特性，可以使室内声音具有一定的清晰度、丰满度，使声场分布均匀或具有特定的混响时间，改善建筑的声学性能。此外，对于有特殊要求的建筑，还可以通过一定装饰材料的使用和装饰技术的应用，达到诸如防潮、防水、防尘、防腐、防静电、防辐射等特殊的防护作用。

4. 建筑装饰发展及风格演变

人类建筑的装饰自古有之，伴随着"美"的变化而不断改变，但真正让建筑装饰成为一门独立设计学科的则应该是随着混凝土、钢结构等建筑结构技术的创新发展而逐步形成的。不仅如此，玻璃幕墙技术发展更让建筑装饰分为室内装饰和室外装饰两个大类。其中室外装饰仍依附于传统的建筑学科，表达着建筑外形、体态、高度、感官效果等多种建筑自身固有的含义，从而反映着人类生活的固化艺术篇章。而室内装饰则更为独立自主，可完全独立于建筑外观形态而存在，张扬着设计者对空间的个性喜好和性格。因此，室外装饰需要符合社会大众的审美形态，而室内装饰更能代表每个个体的美学观点，更为具象、多样化和不确定性。

从古至今，建筑装饰发展历经三个阶段：孕育期——古代建筑装饰阶段、萌芽期——近现代建筑装饰阶段和繁荣期——现代建筑装饰阶段。

1）古代建筑装饰阶段

自从有了人类历史，建筑就与人类历史息息相关。伴随着人类历史的发展，建筑与人类的关系日益密切，而随着劳动生产力和社会经济水平的不断提高，简单的房屋已经不能满足人们在建筑环境方面的要求和对美的追求，于是人们开始有意识地使用建筑装饰材料及其制品对建筑物的内外表面部分进行装饰（图1-1）。

图 1-1　故宫（木结构）

　　与中国传统建筑使用的木作工艺不同，西方建筑的装饰多倾向于采用穹顶、大理石承重的石材工艺，从而形成了截然不同的装饰风格。其中，德国亚琛大教堂（图 1-2）不愧为西方建筑的典型代表。

　　虽然中西方建筑在结构形式、装饰用材和表现手法上各不相同，但在皇家建筑或宗教建筑上都极力追求壮美的装饰效果，营造气势恢宏、华丽奢华的环境氛围。

　　2）近现代建筑装饰阶段

　　自从人类历史进入第二次工业革命，以及 1848 年混凝土技术发展以来，钢结构和混

图 1-2 苏州园林和亚琛大教堂（石拱结构）

凝土成为建筑结构的主角，从而促使建筑造型发生巨大的转变，也使得建筑的结构、装饰、机电等各个专业领域均发生巨大变化，建筑之装饰领域也不例外。基于钢结构和混凝土等结构层，建筑装饰被分隔成室外装饰和室内装饰，同时也使得室外与室内装饰材料有了突飞猛进的发展。自此，室外装饰和室内装饰逐渐分离成为两个不同的设计领域，室外装饰由传统意义上的建筑师负责，室内装饰则由室内设计师负责。

（1）室内装饰的发展。

近现代建筑项目大多采用建筑师负责制，为追求独树一帜的建筑效果，普遍存在成本超支的现象，只有建筑大师的作品才能给委托人增加投入的勇气。当时室内设计更强调与外部建筑保持一致，如著名建筑师赖特的代表作品——流水别墅，其与自然世界融

图1-3 流水山庄、和平饭店、西班牙圣家族教堂

合的风格至今仍有影响。近现代的建筑使用较新的材料结合传统技术，如水泥、玻璃、砖瓦等材料，且使用砖石钢骨混合结构（如和平饭店等项目）。

（2）室外装饰的发展。

英国伦敦的水晶宫是为第一届世博会而建的展馆建筑，是19世纪最有代表性的建筑，主体为铁结构，外墙和屋面均为玻璃，整个建筑通体透明、宽敞明亮，故被誉为"水晶宫"（图1-4）。

图1-4　水晶宫外墙和屋面装饰

3）现代建筑装饰阶段

（1）室内设计的发展和流派。

进入繁荣期的室内设计出现了许多艺术流派，甚至可以与现代艺术绘画的进程匹配，充分完美地体现了"建筑即凝固的艺术"这一理念。现代建筑装饰也从ART DECO风格、新洛可可等复杂烦琐的装饰风格向更标准化、工业化、简约化、超现代化的方向发展（图1-5～图1-10）。室内设计作为一个独立的设计专业从建筑师负责制中脱颖而出，它更关注空间居住个体的个性化追求，且室内翻新在现代建筑的生命周期中成为主旋律，室内设计在建筑更新中有着更广阔的空间。城市更新的建筑主要内容之一就是建筑的室内更新，以满足个体日益增加的室内环境功能和流线需求。

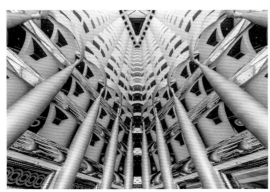

图1-5　新古典欧式奢华

图 1-6 ART DECO 风格

图 1-7 现代简约派

图 1-8 新中式古典

图 1-9 未来超现实

图 1-10 新洛可可派

（2）室外装饰的发展。

如果说水晶宫是玻璃幕墙建筑的开山之作，那随着幕墙工艺的发展，整个幕墙工程已简化并纯粹融入工业化的范畴中，玻璃幕墙得到蓬勃发展。外墙材料的选择也从大理石、泥土砖、涂料等自然古朴的材料转变为陶土板、玻璃、铝板、瓷砖等现代材料。尤其是随着玻璃幕墙技术的发展，玻璃幕墙建筑在现代建筑外墙中占据重要的地位。随着社会的发展、观念的改变，以及科学技术的进步，外墙风格也由简单向复杂、创新和多元化方向发展。自从镜面玻璃出现，立面设计得到了最大的灵活性，使建筑具有称心如意的连续性，因而使建筑的体型设计趋于自由。

在镜面玻璃后又诞生了多种组合玻璃，如 Low-E 玻璃、中空隔热玻璃、夹胶玻璃等。随着玻璃种类的发展，不同工艺的玻璃幕墙也如雨后春笋，矗立在建筑外墙装饰的历史上。1964 年，亨利伯纳德发明玻璃肋玻璃；70 年代，半玻璃肋幕墙产生；80 年代，世界上第一个索点玻璃幕墙诞生。随后悬锁式玻璃幕墙、桁架索点等一系列不同结构形式的幕墙不断出现，为建筑产品的不同表现形式提供了技术支撑（图1-11）。

① 现代的室外装饰。

近几十年来，不仅玻璃，而且石板、铝板、复合板、膜材料等众多材料均运用于新型建筑外墙上。运用这些新材料，已经建造了数量众多、形式新颖的建筑。作为现代建筑室外装饰代表，金茂大厦用"钢"和"玻璃"组成的独特外观造型将世界最新建筑潮流巧妙地与中国传统建筑风格完美融合。金茂大厦既是中国古老塔式建筑的延伸和发展，又是海派建筑风格在黄浦江畔的再现，它是新上海最著名标志性建筑物之一。大厦建筑平面呈正方形，立面外观为分段收缩，近似塔状，外墙由大块的单元式玻璃幕墙和层叠的不

图1-11　汉考克大厦的幕墙（由镜面玻璃与透明玻璃组成的隔热玻璃）

锈钢管组成，反射出似银非银、深浅不一、变化无穷的色彩。该玻璃幕墙由美国进口，玻璃分为两层（每平方米500美元），中间有低温传导器，外面的气温不会影响到内部（图1-12）。

图1-12　金茂大厦外立面与内部

随着玻璃品种和工艺不断变化和推陈出新，玻璃幕墙已成为外立面设计的重要表现手法、材料和工具。玻璃幕墙已取代石材幕墙成为时代的符号，虽然玻璃存在节能、光污染等问题，但相信未来在技术上能逐步克服玻璃幕墙的弱点。毕竟一个通透、时尚的建筑外墙在设计师眼中是那么"美丽诱人"。

② 室外装饰的未来发展趋势。

进入 21 世纪，建筑的室外形态更为多样，弧线和曲线的流行将建筑带入可以想象的无所不能的境界。室外装饰与结构的完全剥离，赋予建筑外表面更多的自由，其将越发独特和融合于自然 ——"有形与无形，相由心生"（图 1-13）。

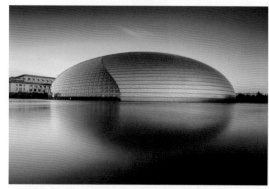

（a）国家大剧院

（b）梅赛德斯-奔驰文化中心（上海世博文化中心）

（c）中华艺术宫

（d）上海滴水湖皇冠假日酒店

图 1-13　造型各异的建筑形态

各历史发展阶段的装饰风格

各历史发展阶段的装饰风格见表 1-1。

表 1-1　各历史发展阶段的装饰风格

中国时期	历史时间范围	室内外装饰（中国）	室内装饰（外国）	顶棚装饰（中国）	顶棚装饰（外国）	地面装饰（中国）	地面装饰（外国）	墙面装饰（中国）	墙面装饰（外国）	家具及陈设特点（中国）	家具及陈设特点（外国）	时间范围	外国时期
原始社会		房屋已有简单装饰	开始出现洞穴壁画、岩画、雕刻和建造物等艺术形式			有的房屋地面已出现火烤或夯实处理，以达到光滑平整且防水防潮的目的				新石器时代早期出现了陶器，其造型上出现了装饰纹样	新石器时代早期出现了陶器。中期又在原始形态的基础上出现了装饰纹样		原始社会
夏、商、周、春秋战国时期	公元前15世纪—公元前221年	木构件的彩绘和雕刻逐渐丰富，斗拱在装饰修饰方面的效果得以大幅增强	室内空间出现壁画、画像和雕像，彩色的建筑装饰件开始运用到建筑构件中来		出现了色彩绚丽的彩绘和瓦顶	对地面的涂墁非常普遍，并出现用墁的花纹	出现了瓷砖地面，更多的是铺设地砖	对墙面的涂墁非常普遍，并出现以平画形式	希腊民居中大部分墙面多先用粗草泥打底，再用捣有头发的细泥抹面，最后以白灰涂刷	家具多为低型家具，其造型古朴，用料粗糙。在此上开始出现单薄且厚的彩绘、漆器、青铜器等。丝织品和瓷器初步发展成熟	石板浮雕开始大量出现，各类陶器出现了风格迥异的绘画，木制家具开始注重装饰细部	公元前8—3世纪	古代希腊、罗马时期
秦、汉时期	公元前221—220年	沿用时期的建筑装饰的精致的效果。画像砖、画像石和瓦当等，装饰纹样丰富多彩，斗拱得到进一步发展				地面多铺地砖，地砖以方形居多，上有花纹	民居中地面多以泥地为主，有时用以铺设的花纹	宫殿等的墙面多先用捣有头发的细泥打底，再用捣有头发的细泥抹面的细泥抹面，最后以白灰涂刷		家具种类大幅增多，出现了向高型家具的趋势。金银器、漆器、陶器、纺织品也有一步很大发展			
三国、魏晋南北朝	220—581年	一般建筑表面多有着细部的彩画，木构表面装饰风格较为朴素，流行白色。白缘月错	继承了初期的基督教建筑的装饰风格，这些传统做法，有些也随之演变。古典也产生了许多种类和特色	外观醒目，已出现琉璃瓦屋顶装饰		地面多铺地砖，砖有素面，花纹再有，砖多为莲花	用瓷砖、陶面砖或大理石铺设，可有彩色以铺设，状或装饰镶金	墙面以灰抹白，其上的墙壁进行彩绘，风格朴素	墙面抹灰或装饰板覆盖	低、高型家具继续发展，高型家具出现，并产生了一定规程。瓷器、瓷器工艺和纹饰继续发展，织锦纹样增多		300—1300年	中世纪
隋唐时期	581—907年	各类建筑纹样丰富多彩，壁画得以迅速发展	同时也产生了镶嵌画，彩色玻璃被以大量应用于教堂等处的装饰上	顶棚出现了天花板种植物	常涂有细腻的色彩	多为砖砌，并进行彩涂，或成白色或其他色彩				高、低型家具并存，家具以床、案、桌、椅等为主。金银器、陶瓷器也在元代得以进一步发展	家具使用比中世纪广泛，家具形式多为哥特式风格形式为主，其风格形式多样，造型优美。漆器、陶瓷、金属制品、室内饰物以及陶瓷玻璃器皿和金属工艺品为主	1300年—16世纪	文艺复兴时期
宋元时期	907—1368年	雕刻在屏风、柱子和门窗的设计和应用更为丰富，整体装饰向精美、一丝不苟的民族风格方向发展	建筑室内设计强调对称，窗的装饰风格也多丰富，益显强的风格特点。新柱式和古罗马式样的使用成为时尚			出现了瓷砖地面和大理石地面，更多的是铺地砖		至元石多以琉璃和彩色石面，常色以彩绘、白色、斗方装饰，灰墁		家具形式时尚以增加，造型丰富。室内陈设的织物被大量应用于元代的设以得以发展	家具上表面多采用雕刻、雕塑，漆器、漆器也被大量应用于元代内室内家具的漆面装饰。室内饰物以及陶瓷、纺织、金属器等为主	17和18世纪	17和18世纪欧洲
明清时期	1368—1840年	建筑等更多严谨，装饰非常不相同。砖窗通用于民居，玻璃瓦和琉璃瓦的技术。木雕、石雕、油漆、工艺和雕刻技术也行得到改革，许多装饰开始应用到建筑装饰中来	随着钢筋混凝土的出现，建筑装饰的方法也相应地进行了改革。工艺美术运动多种活动多	出现了屋顶用拱顶的建筑形式		室内地面可以是清水的，但是更多的是水磨石的，并保持白灰的白色，再铺设上大白纸或瓷片纸墙		室内墙面多以清水的，是很多用以抹灰，并保持白灰的白色，再铺设上大白纸或瓷片内墙下部铺设护墙板		家具形式较雅、造型优美、结构用料合理。并运用于各种家具的装饰风格，在清代开始有仿古复古，以仿瓷、瓷器、纺织、金属器皿等工艺品为主	与文艺复兴相比化不大	19世纪	19世纪欧洲
近现代时期	19—20世纪											19—20世纪	近现代时期
当代	20世纪末到现在	第二次世界大战后出现的主要设计理念包括新理性主义、典雅主义、未来主义、工业主义、粗野主义、高技派、后现代主义、新地方主义、简约主义、生态设计、后现代、简约、多元论等										20世纪末到现在	当代

二、装饰造价概述

1. 装饰造价起源

正是由于建筑新技术、新工艺、新材料、新设备在19世纪飞速发展，设计师对建筑成本的管控越来越力不从心。曾经大型项目（如宫殿）均由皇亲贵族投资兴建，对资金成本管控不严。到工业革命后，新兴的资产阶级利用金融资本手段进行投资建设，加上金融体系（如银行、信托、股票等）逐步建立，新建的项目在考虑美观实用的同时，更要考虑项目的经济性（投资回报率）和可控性（强调一定的投资金额）。至19世纪后期，开始出现了独立为委托人负责工料核算的测量师专业。世界上最早成立的独立专业造价测量师协会应该是英国皇家特许测量师协会（RICS），成立于1868年。RICS发展至今已有152年（英联邦国家称为"测量师"，我国称为"造价师"，我国的注册造价师制度于1996年开始实行，至今24年）。

在早期的测量师专业服务中，各专业测量师没有进行十分明确的分工，均为统一的测量师工种。随着工程技术的进步、建设工程项目的规模和投资的逐步扩大，自20世纪中期后，测量师的服务内容逐渐标准化、规范化和专业化。

目前，在建设工程项目中，运用测量师服务更为主流，并逐步将测量师的服务内容分解给各个专业工种测量师来承担，且由项目经理作为负责人来统一管理、协调及部署、实施。

如今，就一般的民用工程项目来讲，测量师服务的专业可分为土建（桩基工程、基坑围护、结构工程、建筑工程）、装饰（外立面及屋面装饰、室内装饰）、机电（给排水、消防、电气及变配电、弱电、暖通）、园林绿化和市政道路。其中，土建、装饰和机电三大部分为现代测量师服务的主要内容，按工作量划分为土建部分（占35%～45%）、装饰部分（占15%～30%）、机电部分（占20%～35%）、其他部分（占5%～15%）。此工作量也反映出建设工程项目各部分投资的比例。近年来，随着社会经济的稳步发展、人民生活水平的持续提高，装饰部分的资金投入也在不断加大，使得装饰造价专业发展迅速，专业地位提升巨大。

2. 影响装饰造价的因素

建筑装饰的发展伴随着整个建筑的发展历史，从无到有，从简单到复杂，从古代建筑的附属点缀到现代建筑独立成为一个专业，又到如今发展成室内装饰和室外装饰。当今室内外装饰的发展迅速，新技术、新工艺、新材料使其越来越趋向于时尚艺术的轨迹。我们可以从设计手法、材料工艺及专业技术三个方面来考量。

1）设计手法

国外当代建筑与室内设计极为多元化，观念、形态与手法纷繁复杂，很多作品并非属于某一特定流派。不同流派的内涵经常相互交叉、重叠，不少作品兼具着多个流派的特征。所以不可否认的是，认识流派或倾向是了解和把握当代室内设计脉络的基本途径。

2）材料工艺

丹麦设计师卡雷·克林特指出"用正确的方法去处理正确的材料，才能以率真和美的方式去解决人类的需要"。在未来材料发展和选用中，应遵循以下基本原则：满足使用功能原则；满足绿色环保要求；满足施工时间和空间的要求；满足设计效果的经济最大化原则和可持续发展原则。

3）专业技术

在现代装饰工程中，最终的完成饰面越来越趋向于专业化加工和工厂化定制生产，成品安装已成为一种发展趋势。不同材料和部位所使用的工艺方法各有区别，对工艺和细部处理要求更高。细部处理的效果体现了施工的技术水平与管理水平，体现了施工工艺的合理性和先进性。专业技术包括：精细化工艺；造型化、饰面件的现场组装化；现场施工的环保化；灯光、影像等立体化。

综上所述，在建筑室内空间或环境的表面进行修饰和加工，通过材料和工艺使其与所装饰的客体有机地结合，成为统一、和谐和艺术的整体，并提高其使用功能、经济价值和社会效益。

3. 造价与装饰效果关系

在历史建筑中，君主帝王追求建筑的奢华大气，不计成本地投入，因此在很长的一段历史中建筑成本不被重视。随着全球步入商品经济时代，除少数建筑不具备商品属性外，建筑物的造价已成为项目成败的重要因素之一。

基于上述这种关系，很多人认为"装饰造价"与"装饰效果"在大多数项目上存在一定程度的对立和矛盾。从表面看似矛盾的两个方面，在项目的整体实施上又相互制约、互为映衬，在整个项目的实施过程中必然趋于统一和融合，成功的项目造价和效果是和谐的。

4. 装饰造价的成本组成

在装饰造价成本组成上，直接费用由人工、材料和机械三个要素组成，其组成百分比随着年代进程有着明显的变化趋势。其中，人工费用随着机械化程度的不断提高，占比从60%多降至15%左右；材料费用经过丰富的经济活动的转换，费用占比不断上升，从30%上升至60%~70%；而机械费用也随着机械的创新研发，以及使用范围和份额的扩大略有上调，从原来的5%上升至15%左右（图1-14）。

近年来，随着全球化的环保意识、政策和法规的实施，工厂化定制和装配式建筑逐步推行，除了产能转化升级、建造成本提高外，装饰成本造价比例也发生着重大变化。今后现场人工成本将更低，材料生产、材料运输和机械安装成本比例将更高，更多复杂的装饰工艺、施工工序也由工业化所替代。相信未来，当3D打印技术成熟时，一体化和成品化建筑装饰材料和配件更多，人力主要应用于现场拼装、固定，以及最后的修补和打磨。若干年后，机器人时代降临，就连现场拼装等工作均可由机器人来完成。

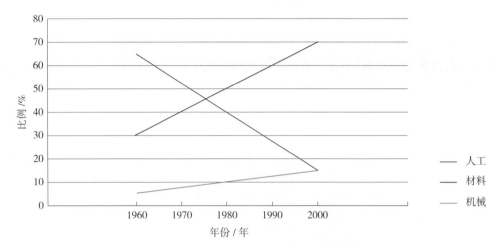

图 1-14 装饰造价因素组成比例演变

由于我国产业更新、环保的发展，装配式建筑开启了历史发展的机遇，建筑装饰的装配式发展将成为未来的趋势。

基于上述影响室内装饰造价和室外装饰造价复杂多变的各种因素，以及所要达到的装饰效果，导致装饰造价超投资现象日趋严重，所以为了更好地将装饰造价控制在既定的目标成本内，造价管理随着时代的变迁也由原来单一的工料成本核算方式变为动态的、全方位的、全过程的投资管控模式，并贯穿于建筑装饰的决策、设计、发承包、实施、竣工等各个阶段，其中设计阶段最为重要和关键。

通常情况下，建筑装饰投资目标是根据设计方案而设立和确定的，与此同时建立与此设计方案相对应的装饰用料标准，并通过方案比选、优化设计、限额设计等方法进行价值工程分析，以寻求可能节约成本的区域，或材料替代品，或施工方法，实现最优成本支出和最佳装饰效果，以便起到事先控制成本的作用，有利于装饰造价的有效管理。

第二章　装饰造价指标分析研究及应用

一、装饰造价指标分析与研究的意义

在建筑行业高速发展的今天，建筑业呈现出专业化和多样化发展的特点，不断有新兴建筑专业产生，如室内装饰、灯光照明、景观和节能环保等。这些新兴专业的产生和发展给传统的建筑业注入了崭新的活力和生机，同时也使建筑传统专业领域（建筑、结构、机电等）的寿命得以延续。随着这些新兴建筑专业的成熟，其在建筑造价中的比重也逐渐增大，在经济技术分析中也越来越重要，装饰就是其中发展较成熟的细分专业。

分析及研究装饰经济指标有着重要的意义。

（1）目前，固定资产投资占据中国国民经济相当重要的一部分。各类固定资产投资中越来越多涉及室内装饰部分（如现在发展的全装饰房、高级酒店公寓、高档商场等）和室外装饰部分（如公共建筑中体育馆、大剧院等），装饰的效果已成为地标项目成功的重要因素。在建筑造价中，装饰造价占有相当重要部分。从广义的建筑装饰上讲（包括外墙及室内装饰），装饰造价占房屋建筑成本和房屋设施设备安装成本 30% ~ 40%；从狭义的装饰上讲，装饰造价占房屋建筑成本和房屋设施设备安装成本 10% ~ 40%（图 2-1）。装饰已成为建筑经济分析中重要组成部分，对其经济指标的研究和分析显得十分必要，指标分析可应用到众多建筑投资前期分析中。

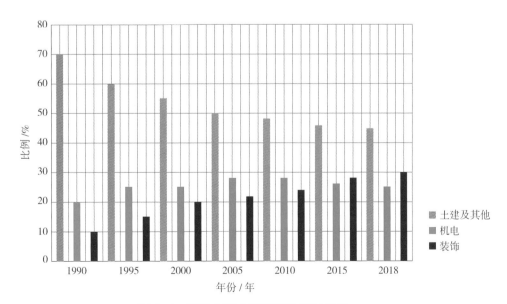

图 2-1　装饰占整个项目造价发展趋势

（2）因在我国装饰行业起步较晚，设计理念和装饰材料发展相对落后，使得目前中国建筑中高档项目的室内外装饰的设计行业更多地被境外设计公司所占据，其设计的方案往往使委托方对其经济指标产生担心；或是委托方盲目地怀疑方案建造费用，修改设计和效果，从而花了巨额的设计费用但没有达到应有的效果。希望本书的经济指标对此有一定的参考作用，使读者能大致把握室内装饰效果与费用这两者之间的微妙关系，在投资中更为理性地思考和决策。

（3）本书的经济指标将对建筑项目前期投资和决策具有参考作用，并对设计风格、设计标准与造价关系有一定指导意义，为我国建设节约型社会做出一定的贡献。

二、影响装饰技术经济指标的因素

在中高档建筑经济分析中，装饰占据重要比例，且不同建筑类型、标准和档次，所占比例大小存在相当大的差异，除时间和空间因素影响外，还有如下影响因素。

1. 设计风格

在19世纪末到20世纪初，混凝土技术被广泛应用后，建筑的结构形式与室内装饰开始局部分离，新工艺和新材料的出现使建筑室内空间发生重大的变革，室内设计的体系更为完善。随着大量有关室内设计著作的出版，各种室内设计风格层出不穷，从早期折中主义、工艺美术风格到20世纪的现代主义、未来主义、后现代主义、解构主义，直至当代的极多主义、极少主义（简约主义）、智能空间和生态设计等。不同的设计理念和风格主导着材料的选择和装饰繁简程度等装饰要素，对室内装饰的造价影响深远（图2-2～图2-7）。简单地说，不同设计风格对于设计的装饰色彩、装置的大小、装饰的烦琐、设计标的物的尺寸均有不同的理念和要求，因此装饰具有不同效果，造价也略有不同。就同样大小的建筑物内，不同设计风格对装饰造价影响有10%～30%的差别。

图2-2　洛可可风格

图 2-3　巴洛克风格

图 2-4　北欧简约风格

图 2-5　中国风

图 2-6　泰国风格

图 2-7　阿拉伯风格

2. 材料

对于同一种设计风格，设计师可以选择不同的材料来表达，如进口与国产相同效果的材料，因材料产地不同，造价亦不同，从而使同类装饰存在不同档次的效果。

进口材料价格一般比同类的国产材料高 100% 或以上，主要原因为材料关税、材料的运输费用、材料代理费用。

3. 施工

施工影响装饰的造价分为两个部分：一部分为在施工过程中人工费用不同，即施工人员档次不同影响造价；另一部分为施工过程中施工工艺的不同。前者为人工工资，后者较多体现在设计深化、加工和施工机械上。如在木饰面装饰中，现场制作与工厂制作的木饰面造价具有一定的差异，就目前而言，工厂制作的木饰面较现场制作贵 15%～30%。但这种造价差异会随着成品木饰面工艺的成熟和完善而逐步缩小。

4. 建筑项目档次

不同类型的建筑本身对于室内空间和环境的基本要求是不同的。这些不同的基本要求同时影响着设计风格，从而深刻影响其经济指标。如写字楼与学校办公楼卫生间装饰，前者指标造价远高于后者。

5. 项目所处地理环境

项目所处地理环境不同，不同地域经济发展不一，对材料的要求亦不同，加上装饰自身的地域风格，包括材料、施工工艺均有不同，造成指标差异。如在海南的度假酒店客房以地砖或人造石为主，而在上海同档次的酒店则多用天然大理石。

6. 时间性

上面提到不同时代有着不同的设计风格，主导着材料选择及设计效果，从而影响造价。但就算相同的设计，在不同的时间，其装饰造价也会有着较大的差异。如在 20 世纪 80 年代以前，柚木地板是一种普通的地面装饰材料，随着环保要求不断提高，现在真正的柚木地板已是奇货可居，价格飞涨，严重影响了装饰造价指标。

三、装饰指标的个性与共性

既然有众多因素影响装饰的经济分析，那是否存在其可分析的共性问题呢？通过分析和研究，其有着如下几点共性认识。

（1）装饰可根据不同类型的建筑项目划分不同的档次，不同档次的装饰可以通过经济指标来相对量化，但并不完全意味着高档的就是经典的。

（2）经典的装饰是一个能完美融合设计、管理和施工等多个方面参与的结果，缺少任何一个方面，都不能成为经典的装饰作品。

（3）装饰通过营造具有风格的空间或环境来进行艺术表现，同时注重及讲究细部的精致性，受到一个时代审美观念的影响。

在上述共性中，也可发现装饰存在的个性化和唯一性。共性和个性两者相辅相成，共性化是个性化发展的基础，个性化同时随着社会和时代的发展转变为共性化。装饰的个性化体现在：装饰是工程化的艺术，其发展追随者时尚和艺术的历史轨迹，永远充满探索和创新；在不同的地理环境、委托方的要求、材料选择的情况下，相近档次的室内装饰经济指标存在个性化的差异。

四、装饰指标的运用

1. 估算编制的步骤

通过多年的实际工作经验，考虑到装饰工程的不可预见性，编制一份完整的装饰估算（即目标成本）对日后的项目造价控制有着重要的指导作用。装饰估算建议采用对比校验法，即在参考装饰指标的同时对估算进行按假设标准估算，并对指标和按假设标准的估算进行对比，发现项目的不同特性，进行假设标准的调整，最终调整完成整个估算。其可分为如下几个步骤。

（1）查找同类地域、同类建筑类型、同类结构、同等档次的工程，分析其装饰指标和材料标准。

（2）根据方案设计，通过与设计师和业主的沟通确认装饰范围和面积。在此步骤中，若方案设计中没有明确装饰面积，可根据同类型的工程和业主对设计的设计任务书中使用面积的要求进行装饰面积假设。

（3）根据建筑设计提供的方案对要估算的装饰工程按不同装饰功能区域主要几个空间面的装饰标准进行假设，如地面、墙面、天花，按不同材料原产地分为国产及进口，按不同材料品牌分为国产、合资与全进口，并且进行材料询价；对使用的人工种类进行假设，如外籍人员、国内优秀施工人员、普通施工人员。若在此步骤中，设计没有明确的材料标准，则根据近五年内同类工程使用的材料标准进行假设。

（4）计量方案或假设的装饰面积后，按假设的人工与材料标准乘上计算的装饰面积，估算出初步的装饰工程的费用。

（5）在此计算的基础上考虑一定比例的施工措施费用再依据估算的不同阶段预留不可预见费用。在方案设计阶段，估算为10%～15%；在扩初方案设计阶段，估算为3%～5%。此预留费用可与整个项目的预留费用一起考虑。

（6）与同类工程的装饰指标进行对比。

（7）若发现有较大的出入，进行复核及修正。

（8）在修正或确认无计算错误后，如仍有较大出入的，则根据估算项目的定位向设计师和业主进行合理化建议并请其确认。

（9）在设计师及业主确认后，重新调整估算标准，编制完整的装饰工程估算。

2. 估算编制中需要注意的问题

因工程项目具有唯一性，而装饰项目更是具有其特殊的不可复制性，且在编制装饰估算中经常不具有成熟的装饰方案，则在编制装饰估算中需要更多地借鉴同类工程，且需要注意更多的细节问题。

（1）在装饰估算中需注重外墙形式，如在非玻璃幕墙体系下，其室内墙面装饰的面积远大于玻璃幕墙体系下的室内墙面装饰的面积，虽然为相同档次、相同类型的装饰工程，但其每平方米造价可能相差近 10%～20%。

（2）装饰工程从某种意义上是一种时尚消费品，估算借鉴的案例最好在近 5～10 年，其具有较高的参考价值。超过这段时间，因材料制品发展、原材料供需情况的变化、施工工艺变化、设计风格的转变等多种因素，可能导致造价指标发生较大变化。如 5 年前在上海广泛使用的意大利雪花白大理石，因其矿产的过度开采，现在已成为稀缺资源，造成奇货可居的局面。

（3）在豪华装饰中经常会用到进口材料，在材料询价过程中需要注意进口材料报价是 CIF、BOF 等何种报价，是否包括关税、增值税及运输保险等。

（4）在估算中做出编制时间的说明，并根据装饰材料的造价指数，预计材料在正式施工前因市场涨跌因素引起的造价变化。

总之，不能简单地、单纯地用装饰指标的套用来估算，应充分考虑到装饰工程的框架形式（如外墙结构）、室内分隔（大敞开空间和分隔的小空间）、人工工艺水平、材料的产地和品牌、地域差异、时间因素、材料损耗等多种影响因素，才能编制出一份完整的、有充分数据依据的估算，为以后的投资控制和调整奠定基础。

第三章　BIM 技术在装饰造价中的应用

一、BIM 技术概述

自从有了电脑，人类社会进入第三次科技革命，大量电子信息技术的革命化浪潮深入影响各个行业以及生活的各个方面。日新月异的现代信息技术也给建筑行业带来变革。1990 年 2 月发布的 Photoshop 软件开启了可视化建筑平面软件的生命，同年 Auto desk 公司的 3D Studio Max 软件开启了三维软件从工业向民用的转变。自此，其成为装饰设计效果由三维建模 + 渲染到可视化仿真软件的利器，从此电脑的技术革命取代了传统的手绘效果图。

进入 21 世纪，2002 年 Auto desk 提出建筑信息模型（building information modeling，BIM），技术的再次革新开启了真正三维仿真的时代。BIM 技术的应用改变了原有传统的造价管理工作模式，省时、省力外加精准是其最大优势。通过创建三维立体模型，使专业数据可视化，特别是在数据的统计、拆分、合并和提取时，尤为灵活、便捷，在标段划分、预算编制、中期付款、变更管理、投资的动态跟踪及获取工程指标等工作环节上表现突出，避免了多次重复计算，所以 BIM 技术使得全过程造价管理向信息化、系统化方向发展。随着 BIM 技术发展，建筑装配式的技术也逐步完善和成熟。

二、BIM 技术在室内装饰造价中的应用

室内装饰形式、材料各异，工程量计算和统计工作繁杂，列表分类汇总十分麻烦，利用 BIM 软件可取代传统手算列表算量模式。

具体表现为：

（1）造价建模人员把装饰算量所需的构件清单名称、属性特征等信息录入模型中。

（2）根据计价规范、合同清单，由造价建模人员设置编辑计算规则、设置构件分类、构件属性以及对应清单子目。

（3）BIM 软件按照设置形式汇总统计工程量，所得结果直观且可以直接使用。

图 3-1 ~ 图 3-3 是某办公大楼大堂、电梯厅、公共走廊等区域室内装饰之效果图和 BIM 模型，通过对比可以看到应用 BIM 技术后所能达到的直观效果，而且还可以从不同角度进行转换，可更清晰地了解未来实体墙、地、顶面的具体情况。

同时，还可以从 BIM 模型中获取装饰工程量，也可以根据实际需要对 BIM 模型中的数据进行快速地统计、灵活地拆分、适时地更改。

（a）装饰效果图

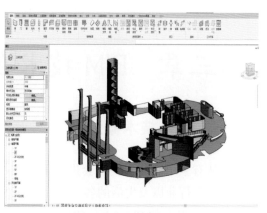

（b）整体装饰面 BIM 模型

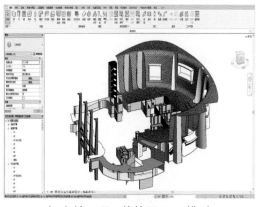

（c）墙、顶一体饰面 BIM 模型

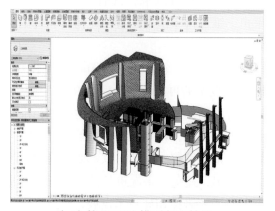

（d）饰面 BIM 模型角度转换

图 3-1　某办公大楼一、二层大堂及公共走廊装饰效果图与 BIM 模型

图 3-2　现场实景图

（a）电梯厅及走廊装饰效果图

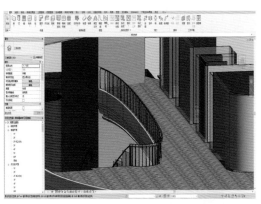

（b）对应图 3-3（a）区域之装饰面 BIM 模型图

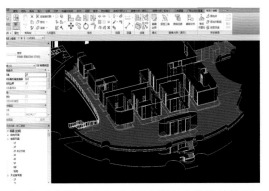

（c）对应图 3-3（a）区域范围总的楼地饰面
BIM 模型（蓝色部分）

（d）从楼梯饰面 BIM 模型中获取工程量

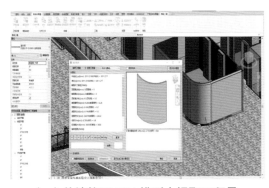

（e）从墙饰面 BIM 模型中提取工程量

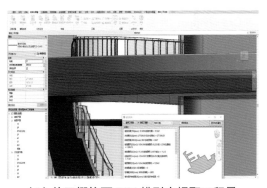

（f）从天棚饰面 BIM 模型中提取工程量

图 3-3　某办公大楼二层电梯厅及走廊装饰效果图与 BIM 模型

三、BIM 技术在室外装饰造价中的应用

幕墙工程中特别是裙楼部分造型相对比较复杂，不仅涉及普通单曲面、双曲面，更有无规则的空间扭曲面，且每个幕墙系统都有各自不同的空间几何造型分布于裙楼各个

立面上，这就给工程计量带来特别大的难度（图 3-4）。

图 3-4　裙楼幕墙效果图

应用 Rhinoceros 犀牛软件，把算量所需的幕墙系统名称、属性都设置在犀牛模型属性中，并应用 Grasshopper 软件，按照计算规则和方法编辑计算表达式，在犀牛模型中启动 Grasshopper 所编辑的表达式，即可按照设置形式和选择图元范围，自动统计相关工程量，结果直观，直接使用（图 3-5~图 3-7）。

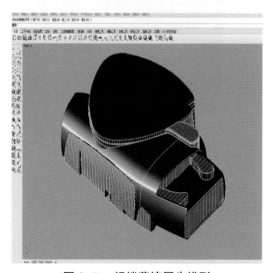

图 3-5　裙楼幕墙犀牛模型

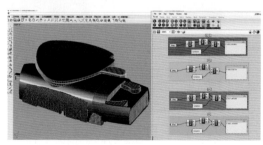

图 3-6　启动 Grasshopper 所编辑的表达式

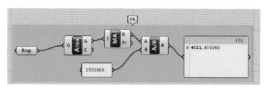

图 3-7　裙楼幕墙 RP 系统的计算式

第四章　装饰造价指标使用说明[*]

一、指标涵盖内容及范围

每个装饰项目的内容可以有多种划分，需根据各自项目的特点、种类、建造标准、技术要求等详细划分装饰工程的界面。无论如何划分内容和界面，要遵循"施工流水清晰、责任可追溯"的原则，切勿"交叉作业、多方施工"。

1. 室内装饰

目前，室内装饰工程涵盖的内容分为基本和拓展两个层次，基本装饰层次即指室内装饰的六个面（顶面、地面和四个墙面），以及门、五金、开关和插座等面板、固定灯具、小五金、固定家具、卫生洁具；拓展装饰层次即指为达到室内装饰效果的相应配合和基本处理工作内容［活动家具、活动灯具、拆除工程、结构加固及改造工程、机电末端的管线、砌块及轻质隔墙、粗装修（粉刷、找平、防水、隔音）、钢结构支撑、标识标志］；还有一些内容是装饰工程之外的，如窗帘、床上用品等软装用品，电视机、保险箱、冰箱等酒店开业设备，具体如表 4-1 所示。

表 4-1　室内装饰涵盖内容

层　　次	内　　容
基本装饰	地面工程；墙面工程；天花工程；门及五金；开关及插座面板；固定灯具；卫浴小五金；固定家具；卫生洁具
拓展装饰	活动灯具；活动家具；拆除工程；结构加固及改造工程；机电末端的管线；砌块及轻质隔墙；粗装修（粉刷及找平）；钢结构支撑；标识标志
装饰工程以外	窗帘、床上用品等软装用品；电视机、冰箱等酒店开业设备；装饰画、雕塑、摆设等艺术品；园艺、绿化、盆栽

2. 室外装饰

室外装饰工程涵盖的内容指外立面装饰，以及为维持外立面效果的支撑、门窗及五金、防水及保温等辅助工程。

---

* 本书指标采集考虑的是一般室内装饰工程的内容，且采用基本的装饰内容作为指标收集和分析的依据，而装饰工程偶尔碰到的拓展内容则暂不纳入本书指标内。有需求者，可与本书作者联系。

二、装饰造价指标汇总表（表4-2）

表4-2　装饰造价指标汇总表

单位：元/m²

序号	项目类型	区域	档次	综合单价	地面	墙面	天花	门	灯具	开关及插座	卫浴小五金	洁具及五金
第五章		住宅（包括别墅）										
1	客厅（普通）		★	1005	330	455	145		55	20		
2	客厅（高档）		★★	1835	485	865	180		250	55		
3	客厅（豪华）		★★★	2935	820	1165	260	260	350	80		
4	卧室（普通）		★	845	325	240	85	80	90	25		
5	卧室带衣帽储藏（高档）		★★	2240	430	1155	180	170	250	55		
6	卧室带衣帽储藏（豪华）		★★★	3865	920	2000	215	280	360	90		
7	餐厅（普通）		★	620	280	220	45		55	20		
8	餐厅（高档）		★★	2360	750	1125	180		250	55		
9	餐厅（豪华）		★★★	3670	1200	1550	260	230	350	80		
10	厨房（普通）		★	2035	180	1370	200	180	75	30		
11	厨房（高档）		★★	3635	450	2145	370	440	130	100		
12	厨房（豪华）		★★★	6345	1200	3175	650	660	495	165		
第六章		酒店（包括白金、五星级、四星级及经济型酒店）										
13	标准客房（普通）(不含卫生间)		★	760	140	325	100	135	40	20		
14	标准客房（高档）(不含卫生间)		★★	2185	280	1250	265	255	80	55		

（续表）

序号	项目类型	区域	档次	综合单价	地面	墙面	天花	门	灯具	开关及插座	卫浴小五金	洁具及五金
15		标准客房（豪华）（不含卫生间）	★★★	3 625	320	2 200	295	460	230	120		
16		套房（高档）（不含卫生间）	★★	3 025	675	1 695	265	250	85	55		
17		套房（豪华）（不含卫生间）	★★★	5 875	1 265	2 815	465	535	690	105		
18		总统套房（豪华）（不含卫生间）	★★★	8 110	1 580	4 245	565	530	945	245		
19		总统套房（奢华）（不含卫生间）	★★★★	11 775	17 125	6 735	685	820	1 345	475		
20		宴会厅（高档）	★★	4 380	805	1 490	450	755	845	35		
21		宴会厅（豪华）	★★★	7 195	1 015	2 785	935	1 060	1 345	55		
22		SPA	★★★	5 135	1 495	2 500	360	355	280	145		
23		健身房	★★★	2 825	555	1 380	370	255	165	100		
第七章	办公											
24		会议室（普通）	★	1 200	175	510	170	145	100	100		
25		会议室（高档）	★★	2 345	600	915	280	255	140	155		
26		会议室（豪华）	★★★	3 770	795	1 500	550	445	305	175		
27		敞开办公区（普通）	★	800	380	150	145	145	90	35		
28		敞开办公区（高档）	★★	1 530	580	355	385	145	145	65		
29		独立办公室（高档）	★★	2 045	650	755	325	155	130	30		
30		独立办公室（豪华）	★★★	3 610	980	1 430	365	490	265	80		

（续表）

序号	项目类型 区域	档次	综合单价	地面	墙面	天花	门	灯具	开关及插座	卫浴小五金	洁具及五金
31	休息室（高档）	★★	3 275	750	1 355	415	490	230	35		
32	休息室（豪华）	★★★	4 545	1 015	1 690	600	520	635	85		
第八章	商业										
33	中式餐厅（高档）	★★	3 080	975	1 180	445	155	270	55		
34	中式餐厅（豪华）	★★★	6 610	1 375	3 620	850	230	400	135		
35	中式餐厅（奢华）——玻璃幕墙	★★★★	13 135	2 065	5 720	3 380	620	1 080	270		
36	西式餐厅（高档）	★★	3 690	965	1 490	670	190	320	55		
37	西式餐厅（豪华）	★★★	7 260	1 155	4 480	705	305	475	140		
38	西式餐厅（奢华）	★★★★	16 185	1 620	10 185	1 765	725	1 660	230		
39	咖啡吧	★★★	5 840	1 325	3 530	535	145	185	120		
40	专卖店（豪华）	★★★	6 960	1 430	3 850	615	545	420	100		
41	专卖店（奢华）	★★★	17 510	3 845	9 550	1 400	615	1 880	220		
42	银行营业厅（普通）	★	1 460	410	455	220	300	40	35		
43	银行营业厅（高档）	★★	2 430	590	865	330	485	105	55		
44	汽车4S店前场（普通）	★	1 075	180	360	190	225	85	35		
45	汽车4S店前场（高档）	★★	1 795	335	615	235	425	120	65		
46	汽车4S店前场（豪华）	★★★	3 555	970	1 305	270	655	280	75		
47	商场（高档）	★★	1 800	450	750	280	160	150	10		
48	商场（豪华）	★★★	3 295	965	1 230	570	190	320	20		

（续表）

序号	项目类型	区域	档次	综合单价	地面	墙面	天花	门	灯具	开关及插座	卫浴小五金	洁具及五金
第九章				公共建筑								
49		普通病房	★	730	240	185	150	90	25	40		
50		特需病房	★★	1 775	480	840	250	100	50	55		
51		候诊区	★★	1 165	345	305	220	115	170	10		
52		诊室	★★	1 035	240	225	135	330	65	40		
53		教室	★	650	225	95	185	65	65	15		
54		多媒体教室	★	725	300	85	180	60	80	20		
55		阶梯教室	★★	1 005	345	425	160	30	35	10		
56		实验室	★	685	255	90	200	60	60	20		
57		阅览室	★★	990	400	180	255	55	85	15		
58		报告厅	★★★	2 265	590	1 145	375	55	75	25		
59		体育馆无看台	★	497	320	30		3	142	1.5		
60		综合体育馆有看台（高档）	★★	1 420	375	560		20	450	15		
61		综合体育馆有看台（豪华）	★★★	1 880	650	610	20	25	560	15		
62		游泳池无看台	★	535	385	125		5	15	5		
63		游泳池有看台（国内赛事）	★★	1 550	590	820		15	120	5		
64		游泳池有看台（国际赛事，墙面为玻璃幕墙外墙不包括）	★★★	1 230	960	170		20	75	5		

（续表）

序号	项目类型	区域	档次	综合单价	地面	墙面	天花	门	灯具	开关及插座	卫浴小五金	洁具及五金
65		展示厅	★	750	165	200	315		70			
第十章												
66	辅助空间	居住卫生间（普通）	★	2 980	210	1 465	155	300	145	30	175	500
67		居住卫生间（高档）	★★	6 200	980	2 660	180	550	535	80	215	1 000
68		居住卫生间（豪华）	★★★	9 225	1 195	4 025	300	1 150	840	165	350	1 200
69		公共卫生间（普通）	★	2 150	270	1 090	180	105	55	15	35	400
70		公共卫生间（高档）	★★	5 360	1 150	2 480	260	285	215	35	215	720
71		公共卫生间（豪华）	★★★	8 080	1 705	3 455	435	455	300	50	230	1 450
72		大堂（普通）	★	2 190	705	945	175	135	210	20		
73		大堂（高档）	★★	4 175	980	2 270	520	155	210	40		
74		大堂（豪华）	★★★	7 245	1 300	4 345	640	495	420	45		
75		大堂（奢华）	★★★★	11 350	2 080	4 725	2 965	620	795	165		
76		电梯厅（普通）	★	2 230	635	1 150	175	150	100	20		
77		电梯厅（高档）	★★	4 360	980	2 445	345	365	180	45		
78		电梯厅（豪华）	★★★	7 165	1 335	4 560	460	425	285	100		
79		公共走道（普通）	★	830	280	290	145		95	20		
80		公共走道（高档）	★★	1 780	345	745	485		170	35		
81		公共走道（豪华）	★★★	3 350	750	1 700	485	280	280	135		

中篇

不同类型建筑装饰造价估算指标

第五章　住　宅

一、住宅建筑及其室内装饰概述

人生中约有一半时间是在住宅内度过，营造舒畅的居住环境是住宅室内装饰的主要目的，满足人感官上和功能上的要求。

住宅按其室内空间功能可分为：通行空间（如门厅、过道等）、制作空间（如厨房、杂物间等）、餐饮空间（如餐厅、酒吧等）、起居空间（如客厅、接待室等）、就寝空间（如卧室）、卫生空间（如洗浴间、厕所等）、收藏空间（如储藏室）、娱乐休闲工作空间（如书房、休闲室等）。

图 5-1　居住空间平面示意图

根据住宅的类型可分为：独幢别墅、联体别墅、公寓、高层住宅、低层住宅等。不同的居住主体对室内环境的要求不同，形成住宅不同的装饰风格和造价。

当代建筑居住空间提倡简洁清新的设计；要求一体化室内设计（节省和合理安排空间）；开始注意色彩的选择与运用；开始重视光的运用；走向多功能和科技环保型；室内活动路线趋向科学合理。

二、住宅建筑室内装饰造价指标说明

本指标主要对住宅中客厅、卧室、餐厅和厨房进行指标分析。其中客厅、餐厅一般为开放式，没有门工程，但豪华的客厅与餐厅一般为一个独立封闭的区域，一般设计为落地大型玻璃门。其他居住空间，如储藏室装饰可参考酒店后勤区域仓库，多为瓷砖地面、墙面壁橱，乳胶漆吊顶；娱乐休闲空间根据其空间功能的定位，可参考其他章节中装饰标准，只是其空间面积较小，单位造价高。

住宅装饰通常采用的材料如下：

（1）地面：木地板、复合地板、玻化砖、大理石等。

（2）墙面：玻化砖、大理石、实木饰面、乳胶漆、墙纸等。

（3）吊顶：轻钢龙骨石膏板、乳胶漆、实木饰面等。

三、住宅建筑不同功能区域室内装饰造价指标

住宅建筑不同功能区域室内装饰造价指标如表 5-1 ~ 表 5-12 所示。

表 5-1　住宅客厅（普通）装饰指标　　　　　　　　面积：25m²

序　号	部位 / 分项	主要项目名称及说明	单位造价（元 /m²）	备　注
一	地面		330	
		普通复合木地板		
二	墙面		455	
		普通木饰面背景墙及电视柜		
		乳胶漆		
		普通成品木踢脚线		
三	天花		145	
		石膏板吊顶		
四	门			
五	灯具		55	
		普通可调节角度卤素灯		
		普通装饰吊灯		
六	开关及插座		20	
		普通开关面板		
		普通插座		
七	综合单价		1 005	尾数进位

表 5-2　住宅客厅（高档）装饰指标　　　面积：40m²

序　号	部位/分项	主要项目名称及说明	单位造价（元/m²）	备　注
一	地面		485	
		高档		
		局部高档石材		
二	墙面		865	
		高档石材背景墙		
		局部高档木饰面		
		木饰面电视机柜		
		乳胶漆		
		实木贴面踢脚线		
三	天花		180	
		石膏板造型吊顶		
		乳胶漆		
四	门			
五	灯具		250	
		高档可调节角度卤素灯		
		高档装饰吊灯		
六	开关及插座		55	
		高档开关面板		
		高档插座		
七	综合单价		1 835	尾数进位

表 5-3　住宅客厅（豪华）装饰指标　　　面积：58m²

序　号	部位/分项	主要项目名称及说明	单位造价（元/m²）	备　注
一	地面		820	
		名贵实木地板		
		名贵石材围边		
二	墙面		1 165	
		名贵石材背景墙		
		名贵木饰面		

（续表）

序　号	部位/分项	主要项目名称及说明	单位造价（元/m²）	备　注
		名贵木饰面电视机柜，石材石台面		
		名贵墙纸		
		实木贴面踢脚线		
三	天花		260	
		石膏板复杂造型吊顶		
		乳胶漆		
四	门		260	
		钢化玻璃摺趟门（包括门扇、门套及五金）		
五	灯具		350	
		名贵可调节角度卤素灯		
		名贵装饰吊灯		
六	开关及插座		80	
		名贵开关面板		
		名贵插座		
七	综合单价		2 935	尾数进位

表5-4　住宅卧室（普通）装饰指标　　　　　　　　　面积：12 m²

序　号	部位/分项	主要项目名称及说明	单位造价（元/m²）	备　注
一	地面		325	
		普通实木地板		
二	墙面		240	
		飘窗普通石材窗		
		乳胶漆		
		成品木踢脚线		
三	天花		85	
		成品石膏线		
		乳胶漆		
四	门		80	

（续表）

序　号	部位／分项	主要项目名称及说明	单位造价（元/m²）	备　注
		模压门（包括门扇、门套及五金）		
五	灯具		90	
		装饰吸顶灯		
六	开关及插座		25	
		普通开关面板		
		普通插座		
七	综合单价		845	尾数进位

表 5-5　住宅卧室带衣帽储藏（高档）装饰指标　　　　面积：18m²

序　号	部位／分项	主要项目名称及说明	单位造价（元/m²）	备　注
一	地面		430	
		高档实木地板		
二	墙面		1 155	
		固定式衣柜		
		高档木皮饰面		
		高档木饰面衣柜		
		高档墙纸		
		实木贴面踢脚线		
三	天花		180	
		石膏板造型吊顶		
		乳胶漆		
四	门		170	
		门（包括门扇、门套及五金）		
五	灯具		250	
		高档可调节角度卤素灯		
		高档装饰吊灯		
		高档床头灯		
六	开关及插座		55	
		高档开关面板		

（续表）

序　号	部位 / 分项	主要项目名称及说明	单位造价（元 /m²）	备　注
		高档插座		
七	综合单价		2 240	尾数进位

表 5-6　住宅卧室带衣帽间（豪华）装饰指标

面积：30m²

序　号	部位 / 分项	主要项目名称及说明	单位造价（元 /m²）	备　注
一	地面		920	
		局部名贵纯羊毛地毯		
		名贵木地板围边		
二	墙面		2 000	
		名贵木皮饰面		
		名贵木饰面衣柜		
		名贵墙纸		
		名贵实木贴面踢脚线		
		名贵木饰面床背板		
		衣帽间固定柜		
三	天花		215	
		石膏板复杂造型吊顶		
		乳胶漆		
四	门		280	
		门（包括门扇、门套及五金）		
		衣帽间门（包括门扇、门套及五金）		
五	灯具		360	
		名贵可调节角度卤素灯		
		名贵装饰吊灯		
		名贵床头灯		
六	开关及插座		90	
		名贵开关面板		
		名贵插座		
七	综合单价		3 865	尾数进位

表5-7　住宅餐厅（普通）装饰指标

面积：15m²

序　号	部位/分项	主要项目名称及说明	单位造价（元/m²）	备　注
一	地面		280	
		玻化砖		
二	墙面		220	
		乳胶漆		
		木踢脚线		
三	天花		45	
		乳胶漆		
四	门			
五	灯具		55	
		普通筒灯		
		普通装饰吊灯		
六	开关及插座		20	
		普通开关面板		
		普通插座		
七	综合单价		620	尾数进位

表5-8　住宅餐厅（高档）装饰指标

面积：18m²

序　号	部位/分项	主要项目名称及说明	单位造价（元/m²）	备　注
一	地面		750	
		高档石材		
		高档石材镶边		
二	墙面		1 125	
		高档木饰面餐柜		
		高档木饰面装饰柜		
		乳胶漆		
		高档木贴面踢脚线		
三	天花		180	
		石膏板造型吊顶		
		乳胶漆		

（续表）

序　号	部位/分项	主要项目名称及说明	单位造价（元/m²）	备　注
四	门			
五	灯具		250	
		高档可调节角度卤素灯		
		高档装饰吊灯		
六	开关及插座		55	
		高档开关面板		
		高档插座		
七	综合单价		2 360	尾数进位

表 5-9　住宅餐厅（豪华）装饰指标

面积：38m²

序　号	部位/分项	主要项目名称及说明	单位造价（元/m²）	备　注
一	地面		1 200	
		名贵石材		
		名贵石材镶边		
二	墙面		1 550	
		名贵石材镶边		
		名贵木饰面餐柜		
		名贵木饰面装饰柜		
		名贵墙纸		
		名贵木贴面踢脚线		
三	天花		260	
		石膏板复杂造型吊顶		
		乳胶漆		
四	门		230	
		玻璃移门（包括门扇、门套及五金）		
五	灯具		350	
		名贵可调节角度卤素灯		
		名贵装饰吊灯		
六	开关及插座		80	

（续表）

序 号	部位/分项	主要项目名称及说明	单位造价（元/m²）	备 注
		名贵开关面板		
		名贵插座		
七	综合单价		3 670	尾数进位

表 5-10　住宅厨房（普通）装饰指标

面积：5m²

序 号	部位/分项	主要项目名称及说明	单位造价（元/m²）	备 注
一	地面		180	
		普通地砖		
二	墙面		1 370	
		普通墙砖		
		现场制作橱柜（中密度板及防火板，人造石面层）		
三	天花		200	
		普通铝扣板吊顶		
四	门		180	
		模压门（包括门扇、门套及五金）		
五	灯具		75	
		吸顶灯		
六	开关及插座		30	
		普通开关面板		
		普通插座		
七	综合单价		2 035	尾数进位

表 5-11　住宅厨房（高档）装饰指标

面积：9m²

序 号	部位/分项	主要项目名称及说明	单位造价（元/m²）	备 注
一	地面		450	
		高档仿石玻化砖及镶边		
二	墙面		2 145	
		高档瓷砖		

（续表）

序　号	部位 / 分项	主要项目名称及说明	单位造价（元 /m²）	备　注
		高档成套橱柜		
三	天花		370	
		高档铝扣板吊顶		
四	门		440	
		高档木贴面实木门 （包括门扇、门套及五金）		
五	灯具		130	
		高档吸顶灯		
六	开关及插座		100	
		高档开关面板		
		高档插座		
七	综合单价		3 635	尾数进位

表 5-12　住宅厨房（豪华）装饰指标　　　　　　　　　面积：15m²

序　号	部位 / 分项	主要项目名称及说明	单位造价（元 /m²）	备　注
一	地面		1 200	
		名贵石材地面		
二	墙面		3 175	
		名贵石材 / 瓷砖		
		名贵成套橱柜		
三	天花		650	
		名贵铝扣板吊顶		
四	门		660	
		名贵木贴面实木门 （包括门扇、门套及五金）		
五	灯具		495	
		名贵吊灯		
六	开关及插座		165	
		名贵开关面板		
		名贵插座		
七	综合单价		6 345	尾数进位

四、住宅建筑室内装饰人工费用参考

　　为了规范家庭装饰装修市场，上海市装饰装修行业协会自 2008 年开始特意出台了住宅人工安装费用的指导价格，其相对于工程定额更为细化，也更具备实际的参考意义。近三期人工费参考价如表 5-13、图 5-2 所示。

图 5-2　住宅室内装饰

表 5-13　上海市住宅室内装饰装修工程人工费参考价

序号	项目名称	单位	2019 版参考价/元	2016 版参考价/元	2014 版参考价/元	说明（2019 版）
拆除工程						
1	拆除铝合金窗、门	樘	38	38	25	不涉及建筑物外围结构
2	拆除木门窗（单门、或双窗）	樘	40	40	20	不涉及建筑物外围结构
3	拆除钢门窗（单、双扇）	樘	40	40	30	不涉及建筑物外围结构
4	拆除钢门窗（三、四扇）	樘	80	80	45	不涉及建筑物外围结构
5	拆除钢门窗（四扇以上）	樘	100	100	75	不涉及建筑物外围结构
6	拆除砖墙（一砖混合砂浆）	m²	70	70	60	墙体超过 2 600mm 高价格另议
7	铲凿墙、地砖	m²	35	35	35	马赛克另议
8	凿除素混凝土找平层	m²	35	35	20	5cm 以内，超出部分按比例增加
9	铲除墙、顶面乳胶漆、腻子	m²	10	10	7	
10	铲除墙、顶面抹灰层	m²	15	15	9	
11	铲除墙、顶面墙纸及腻子	m²	12	12	6	
12	拆除墙面保温层	m²	25	25	15	
13	拆除木地板（含龙骨）	m²	15	15	15	
14	拆除木地板（不含龙骨）	m²	5	5	5	
15	拆除固定木制品、吊顶、护墙板	m²	20	20		
16	拆除厨房橱柜	m	100	100		
17	拆除给、排水管道	m	8	8	3	
18	拆除台式洗脸盆	只	15	15	15	
19	拆除立式洗脸盆	只	10	10	10	
20	拆除水斗（水盘）	只	10	10	10	

（续表）

序号	项目名称	单位	2019 版参考价 / 元	2016 版参考价 / 元	2014 版参考价 / 元	说明（2019 版）
21	拆除坐式大便器连水箱	只	10	10	10	
22	拆除浴缸	只	50	50	35	特殊浴缸另议
23	拆除铸铁浴缸	只	120	120	100	
24	拆除木踢脚板	m	2	2	2	
25	拆除窗台护栏	套	20	20	10	
26	拆除顶灯、吊灯	只	15	15		
27	拆除开关插座	只	2	2		
28	拆除脱排油烟机、热水器、灶具	台	15	15		
砌粉工程						
29	新砌 1 砖墙	m²	轻质砖 45 红砖 60	90	80	
30	新砌 1/2 砖墙	m²	轻质砖 40 红砖 50	60	55	
31	新砌 1/4 砖墙	m²	55	55	39	墙体高度不高于 1 800mm
32	新砌玻璃砖墙	m²	60	60	60	
33	墙、顶面抹灰找平	m²	25	25	22	厚度 20mm 以内
34	地坪水泥砂浆找平层	m²	22	22	16	厚度 30mm 以内
35	地面找平层，每增 10mm	m²	10	7	5	
36	铺地砖（块料周长 ≤ 800mm）	m²	100	100	60	艺术铺贴另计
37	铺地砖（800mm < 块料周长 ≤ 2 400mm）	m²	60	60	70	艺术铺贴另计
38	铺地砖（块料周长 > 2 400mm）	m²	80	80	100	艺术铺贴另计
39	拼花 / 斜铺增加费	m²	40	40		
40	铺地面大理石	m²	120	120	100	拼花另议
41	贴大理石踢脚板	m	20	20	14	
42	铺鹅卵石	m²	120	120	44	拼花另议
43	墙面界面处理	m²	7	7	7	

（续表）

序号	项目名称	单位	2019 版参考价/元	2016 版参考价/元	2014 版参考价/元	说明（2019 版）
44	贴墙面砖（块料周长 400mm 以下）	m²	120	120	100	
45	贴墙面砖（块料周长 ≤ 800mm）	m²	100	100	60	
46	贴墙面砖（800mm < 块料周长 ≤ 1 800mm）	m²	80	80		
47	贴墙面砖（块料周长 > 1 800mm）	m²	90	90		块料面积 ≥ 0.5m² 的，参照干挂
48	拼花/斜铺增加费	m²	50	50	30	
49	瓷砖倒角加工	m	17	17	17	按瓷砖实际倒角长度
50	贴墙面文化石、青石板	m²	80	80	50	材质、规格、工艺有特殊要求的价格另议
51	内墙面贴花岗石、大理石	m²	120	120	110	
52	干挂大理石、花岗岩	m²	200	200	154	
53	砌粉管道	根	130	130	121	
54	修粉门窗樘	m	20	20	14	
55	地面铺马赛克	m²	80	80	65	高级、拼花另议
56	墙面贴马赛克	m²	100	100	70	高级、拼花另议
57	墙面防水处理	m²	15	15	8	
58	安装大理石淋浴房挡水槛	套	100	100	94	
59	安装大理石门槛	块	60	60	55	
60	砌浴缸底座	只	150	150	94	
61	粉线管槽	m	6	6	5	
62	止水梁	m	40			卫生间、厨房（湿区）新建墙体底部防水处理
63	过梁	m	60			新建门洞部分过梁

（续表）

序号	项目名称	单位	2019版参考价/元	2016版参考价/元	2014版参考价/元	说明（2019版）
64	铺瓷砖（薄贴法工艺）	m²	120			
65	地砖铺贴（3 200mm＜块料周长≤4 000mm）	m²	140			
66	地砖铺贴 1 200mm×2 400mm	m²	280			
67	美缝	m	8			高级美缝另计
68	墙地砖围边	m	20			
吊顶工程						
69	单层石膏板吊平顶（平面）	m²	65	65	55	含龙骨、按展开面积计取工程量
70	二级阶梯石膏板吊平顶（二层）	m²	70	70	64	含龙骨、按展开面积计取工程量，特殊造型另议
71	塑料扣板吊平顶	m²	29	29	29	含龙骨
72	金属条板、方板吊平顶	m²	29	29	29	含龙骨
73	木格玻璃吊平顶	m²	52	52	52	含玻璃、灯片等透光材料安装，装饰木线另计
74	杉木扣板吊顶	m²	60	60	46	
隔墙、墙裙工程						
75	纸面石膏板木隔墙（双面、单层）	m²	55	55	55	含龙骨
76	纸面石膏板木隔墙（单面、单层）	m²	45	45	45	含龙骨
77	护墙板基层	m²	46	46	46	
78	墙面安装镜面玻璃	m²	46	46	46	规格超 1m²/块另议
79	墙面贴织物	m²	35	35	35	
80	纸面石膏板轻钢龙骨隔墙（双面、单层）	m²	50	50	50	
81	纸面石膏板轻钢龙骨隔墙（单面、单层）	m²	40	40	40	

（续表）

序号	项目名称	单位	2019版参考价/元	2016版参考价/元	2014版参考价/元	说明（2019版）
82	纸面石膏板轻钢龙骨隔墙（双面、单层、吸音棉）	m²	60	60	55	
地板工程						
83	做木龙骨地台	m²	52	52	52	高度200mm以内
84	铺基层毛地板	m²	40	40	40	含木骨
85	铺单层企口素地板	m²	40	40	40	不含磨地板
86	铺双层企口素地板	m²	52	52	52	不含磨地板
87	铺单层免漆地板	m²	40	40	40	含木骨
88	铺双层免漆地板	m²	50	50	50	含木骨
89	铺复合地板	m²	15	15	8	
90	铺双层复合地板	m²	43	43	43	含木骨
91	铺防腐木地板	m²	40	40	40	含木骨
92	安装成品楼梯踏步板（有基层）	步	40	40	40	弧形另议
93	安装成品木质楼梯栏杆、扶手	m	45	45	45	特殊造型另议
94	钢结构楼梯、平台安装配套施工费	层	140	140	140	
95	机械磨地板	m²	20	20	20	
门窗工程						
96	新做门窗樘	樘	50	50	50	
97	新做木窗扇	扇	120	120	120	含安装
98	新做成品门套基层	m	16	16	16	
99	新做满固门（双层夹板）	扇	173	173	173	含安装
100	新做工艺门	扇	230	230	230	含安装
101	新做玻璃木门	扇	250	250	250	含安装
102	安装成品木门	扇	92	92	92	含锁、门吸安装
103	进户防盗门安装配套施工费	扇	100	100	60	

（续表）

序号	项目名称	单位	2019版参考价/元	2016版参考价/元	2014版参考价/元	说明（2019版）
104	安装成品木质移门	扇	69	69	69	
105	成品门窗套安装配套施工费	套	50	50	50	
106	新换窗下沿填充固定安装配套施工费	m	30	30	30	窗框下沿长度（不足1m按1m计）
装修工程						
107	修整门樘	樘	45	45	45	装饰线条
108	新做筒子板（有樘子）	m	20	20	20	装饰线条
109	新做筒子板（无樘子）	m	25	25	25	机制人造板、饰面板、装饰线条
110	实木贴脸安装（80mm以内）	m	4	4	4	
111	实木贴脸安装（80mm以外）	m	5	5	5	
112	夹板贴脸制作安装	m	12	12	12	
113	包窗套（机制人造板基层）	m	24	24	24	
114	包凸窗窗套（机制人造板基层）	m	35	35	35	
115	天棚顶角线 木线条	m	3	3	3	
116	天棚顶角线 石膏线（角线）	m	2	2	2	
117	天棚顶角线 石膏线（平线）	m	1	1	1	
118	新做腰线	m	12	12	12	机制人造板、饰面板、装饰线条
119	木质窗台板（机制人造板夹层）	m	20	20	20	300mm以内，含安装装饰线条
120	木质窗台板（机制人造板夹层）	m	25	25	25	300mm以上，600mm以内，含安装装饰线条
121	大理石窗台板	m	25	25	15	宽度300mm以内
122	大理石窗台板	m²	80	80	35	宽度300mm以外

（续表）

序号	项目名称	单位	2019版参考价/元	2016版参考价/元	2014版参考价/元	说明（2019版）
123	暗窗帘箱制作安装	m	40	40	24	弧形、特殊造型另议
124	明窗帘箱制作安装	m	45	45	30	饰面另议
125	踢脚板安装	m	3.5	3.5	3.5	
126	踢脚板制作安装	m	12	12	12	
127	安装窗轨（单）	套	20	20	20	
128	安装窗轨（双）	套	30	30	30	
橱柜工程						
129	厨房吊柜（不包括门板）	m	94	94	94	柜深350mm、高600mm以内
130	厨房低柜（不包括门板）	m	110	110	110	柜深550mm、高850mm以内
131	制作、安装抽屉	只	60	60	60	
132	安装成品橱门	扇	17	17	17	
133	制作、安装夹板橱门	扇	66	66	66	门宽400mm、高850mm以内
134	房间壁橱（木筋结构）	m²	198	198	198	不含门
135	房间壁橱（板式结构）	m²	150	150	138	不含门
油漆工程						
136	毛墙面批嵌	m²	15	15	14	找平腻子二度
137	每增加一度批嵌	m²	7	7	6	
138	贴网格布	m²	6	10	5	
139	墙面、天棚乳胶漆	m²	12	10	20	不含腻子批嵌，机喷费另加5元（2014版含腻子批嵌）
140	木材面着色	m²	20	20	20	机喷另加20元，特殊工艺另议
141	贴墙纸基层处理	m²	12	18	18	
142	墙面贴墙纸（不拼花）	m²	17	17	17	
143	墙面贴墙纸（拼花）	m²	19	19	19	

（续表）

序号	项目名称	单位	2019版参考价/元	2016版参考价/元	2014版参考价/元	说明（2019版）
144	天棚贴墙纸（不拼花）	m²	18	18	18	
145	天棚贴墙纸（拼花）	m²	21	21	21	
146	木材面刷木器清漆	m²	50	50	50	三度，机喷费另加10元
147	木材面刷木器色漆	m²	60	60	60	三度，机喷费另加20元
148	木材面刷硝基清（色）漆（木器蜡克）	m²	75	75	75	六度，机喷费另加25元
149	每增加一度木器漆	m²	11	11	11	
150	每增加一度硝基漆	m²	11	11	11	
151	喷漆处理增加费	m²	11	11	11	
152	地板刷油漆	m²	40	40	40	二底二面
153	木龙骨防腐处理	m²	5	5	5	
154	地板烫蜡	m²	28	28	28	
155	木质栏杆油漆	根	22	22	22	
156	木质扶手油漆	m	11	11	11	
水电工程						
157	砖墙凿槽	m	15	15	13	不含修粉
158	砼墙凿槽	m	25	25	22	不含修粉
159	铺设金属电管	m	8	8	8	
160	铺设塑料电管	m	6	6	6	
161	安装开关、插座	只	9	9	9	
162	木地板安装地插座	只	22	22	22	
163	电线穿管	m	2.5	2.5	2.5	按单根电线用量计算
164	安装吸顶灯	只	20	20	11	
165	安装日光灯	只	20	20	11	
166	安装壁灯	只	20	20	11	
167	安装筒灯（射灯、冷光灯）	只	20	20	9	

（续表）

序号	项目名称	单位	2019版参考价/元	2016版参考价/元	2014版参考价/元	说明（2019版）
168	安装吊灯	只	150	150	110	产品单价1500元以上按价格7%计取
169	增加、更换空气开关、漏电保护器	只	11	11	11	空气开关、漏电保护等
170	安装配电箱	只	50	50	154	
171	嵌入式配电箱墙面开洞	个	100	100		
172	排下水管道	m	17	17	17	含洗衣机、地漏、淋浴房、污水槽，管径50mm以下
173	安装大理石台面金属支架	套	22	22	22	
174	铺设PPR水管	m	6	6	6	
175	安装截止阀	只	10	10	8	
176	安装三角阀	只	10	10	8	
177	安装浴缸	只	200	200	165	产品单价2500元以上按价格7%计取
178	安装铸铁浴缸	只	250	250	220	
179	安装坐便器	只	80	80	66	产品单价1000元以上按价格7%计取
180	安装后排水坐便器	只	275	275	275	
181	安装挂式小便器	只	80	80	50	产品单价1000元以上按价格7%计取
182	安装净身盆	只	80	80	66	产品单价1200元以上按价格7%计取
183	安装台盆、水盘	只	80	80	66	产品单价1200元以上按价格7%计取
184	安装立盆	只	80	80	44	产品单价1200元以上按价格7%计取

（续表）

序号	项目名称	单位	2019 版参考价/元	2016 版参考价/元	2014 版参考价/元	说明（2019 版）
185	安装浴缸龙头	只	40	40	40	产品单价 800 元以上按价格 7% 计取
186	安装面盆龙头	只	22	22	22	产品单价 800 元以上按价格 7% 计取
187	安装水盘龙头（单冷）	只	11	11	11	
188	安装卫浴五金件	套	100	100	66	毛巾杆、架、化妆品架（三件套）
189	安装浴霸	套	50	50	33	不含墙体打洞
190	安装排气扇	台	40	40	22	不含墙体打洞
191	安装脱排油烟机	台	80	80	33	不含墙体打洞
192	安装热水器（电热式）	台	100	100	70	不含墙体打洞 / 不含配件
193	太阳能热水器安装配套费	台	100	100	88	不含墙体打洞
194	容积式热水器安装配套费	台	100	100	88	不含墙体打洞
195	铺设 KPG 铁管	m	10			
	特殊增项					
196	超高费/层高 3 600mm 以上	m²	60	60	50	按超高部分投影面积计取
197	地暖配套施工费	m²	10	10		
198	中央空调配套施工费	m²	10	10		
199	新风（智能）系统配套施工费	m²	10			

住宅室内装饰装修工程造价计算表（2019 版）

序号	项目名称	单位	参考价/元	说明
一	人工费			
二	材料费			
三	装修垃圾清运费（搬运至物业指定堆放点）	m²	8	参将沪容环协〔2017〕57 号文中《本市清运行业收费价格信息计价方式及标准》

（续表）

序　号	项目名称	单　位	参考价/元	说　　明
四	装修材料搬运费	m²	8	无电梯房每层加 1.5 元/m²
五	二次运输费	m²		5～10 元/m²
六	远程施工费	m²		郊区环线以外，按路程远近和房屋套内面积 50 元/m² 起
七	甲供材料小计			
八	管理费			[（一）+（二）+（三）+（四）+（五）+（六）+（七）]×（10%～15%）
九	合计			（一）+（二）+（三）+（四）+（五）+（六）+（七）+（八）

注：管理费用也可按套内面积×（180～250）元/m² 收取（2019 版）。

第六章　酒　店

一、酒店建筑室内装饰概述

酒店装饰是装饰业内"象牙塔"，其中五星级酒店装饰更是博大精深，涉及装饰各个功能领域：商务办公、居住、游泳池、酒吧、餐厅、SPA、俱乐部。可以说，一个高档的酒店就犹如一个微缩社会，你可以足不出户，但完全享受到所有的服务。

从 1850 年欧洲巴黎的 Ground 酒店创建，现代酒店业已经历了 170 年发展。The Savoy 酒店的第一任经理萨尔里兹创建了 Hotel Ritz，直到现在还是高档酒店的代名词。

二、酒店建筑类别划分标准

酒店建筑类别划分标准为：

（1）根据酒店性质分类：可分为商务酒店、旅游酒店、主题酒店等。有趣的是在国内很多知名的商务酒店沿用旅游行业酒店划分标准。根据中国旅游行业划分标准酒店星级分类：五星级、四星级、三星级及二星级，如表 6-1 所示。

在酒店装饰方面，外墙装饰符合建筑师设计风格，室内装饰则更多地反映室内设计师构思。

现今酒店管理业发展成熟，出现较多的酒店管理集团和品牌，国际名牌如喜达屋、万豪、香格里拉等，国内品牌如锦江、华住、君澜等。

图 6-1　早期商务酒店内、外景

表 6-1 星级酒店的划分涉及建筑标准的内容

序号	划分内容	一星级	二星级	三星级	四星级	五星级	白金五星级
				总体评价			
1	建筑结构	建筑物结构完好，功能布局基本合理，方便客人在饭店内活动	建筑物结构完好，功能布局基本合理，方便客人在饭店内活动	应有较高标准的建筑物结构，功能布局较为合理，方便客人在饭店内活动	建筑物外观和建筑结构有特色，饭店空间布局合理，设施使用安全有效	建筑物外观和建筑结构具有鲜明的品质，饭店布局合理，设施使用安全有效	
2	内外装修档次				内外装修应采用高档材料，符合环保要求，工艺精致，整体氛围协调	内外装修应采用高档材料，符合环保要求，工艺精致，整体氛围协调，具有突出风格	
3	采暖空调	应有适应所在地气候的采暖、制冷设备，各区域通风良好	应有适应所在地气候的采暖、制冷设备，各区域通风良好	应有空调设施，各区域通风良好，各区域温、湿度适宜	应有中央空调（别墅式度假饭店除外），各区域空气质量良好	应有中央空调（别墅式度假饭店除外），各区域空气质量良好	
4	计算机系统			应有计算机管理系统	应有运行有效的计算机管理系统，主要营业区域均提供服务	应有运行有效的计算机管理系统，前后台合理，有自己的官方网站或者互联网主页，并能够提供网络预订服务	

（续表）

序号	划分内容	一星级	二星级	三星级	四星级	五星级	白金五星级
5	公共广播				应有公共音响转播系统；背景音乐曲目，音量适宜，音质良好	应有公共音响转播系统；背景音乐曲目，音量与所在区域相适应，音质良好	有录音、扩音功能的音响控制系统；同声传译设施（至少2种语言）；多媒体演示系统（含电脑、多媒体投影仪、实物投影仪等）
6	设施标准				设施设备应养护良好，无噪音，安全完好，整洁、卫生和有效	设施设备应养护良好，无噪音，安全完好，整洁、卫生和有效	
7	绿色节能					应有与本星级相适应的节能减排方案并落实节能措施，内容应符合《绿色旅游饭店》（LB/T007—2006）相关要求	
8	资格						具有2年以上五星级饭店资格
9	地理位置						地理位置处于城市中心商务区或繁华地带，交通极其便利

（续表）

序号	划分内容	一星级	二星级	三星级	四星级	五星级	白金五星级
10	主题						建筑主题鲜明，外观造型独具一格，有助于所在地建立旅游目的地形象
11	知名度						国际认知度极高，平均出租每间客房年收入连续三年居于所在地同星级饭店前列
12	品牌						5家以上饭店共享同一连锁品牌或10家以上饭店由同一家饭店管理公司管理

设施评价

前 厅

序号	划分内容	一星级	二星级	三星级	四星级	五星级	白金五星级
1	功能				区位功能划分合理	功能划分合理，空间效果良好	
2	风格				整体装修精致，有整体风格，色调协调，光线充足	装饰设计有整体风格，色调协调，光线充足	内部功能布局及装修能与所在地历史、文化、自然环境相结合，恰到好处地表现和烘托其主题氛围

（续表）

序号	划分内容	一星级	二星级	三星级	四星级	五星级	白金五星级
3	服务台及接待服务	设总服务台，并提供客房房价目表及城市所在地的旅游交通图等相关资料	应有与饭店规模相适应的总服务台，位置合理，提供客房房价目表及城市所在地的旅游交通图等相关资料，并有在地旅游宣传品	应有与接待能力相适应的前厅，装修美观。应有与饭店规模相适应的总服务台，客房服务项目资料，提供客房房价目表、提供所在地旅游交通信息，所在地旅游交通资源信息、主要交通工具时刻等信息，提供相关资料的报刊	设总服务台，位置合理，接待人员应24小时提供接待、咨询和结账等服务	总服务台位置合理，接待人员应24小时提供接待、咨询和结账等服务	
4	行李寄存				应设行李寄存处，配有饭店与客人同时开启的贵重物品保险箱，保险箱位置安全、能够隐蔽，保护客人的隐私	应设行李专用寄存处，配有饭店与客人同时开启的贵重物品保险箱、保险箱位置安全、能够隐蔽，保护客人的隐私	
5	休息场所			公共区域应设客人休息场所	在非经营区应设客人休息场所	在非经营区应设客人休息场所	

（续表）

序号	划分内容	一星级	二星级	三星级	四星级	五星级	白金五星级
6	门厅		门厅及主要公共区域应有残疾人出入坡道	门厅及主要公共区域应有残疾人出入坡道，配备轮椅	门厅及主要公共区域应有符合标准的残疾人出入坡道，配备轮椅，有残疾人专用卫生间或客房，为残障人士提供必要的服务	门厅及主要公共区域应有符合标准的残疾人出入坡道，配备轮椅，有残疾人专用卫生间或客房，为残障人士提供必要的服务	除有富丽堂皇的门廊及入口外，饭店整体氛围极其豪华气派
7	客房数量	应有至少15间（套）可供出租的客房	应有至少20间（套）可供出租的客房	应有至少30间（套）可供出租的客房，应有单人房、套房等不同规格的房间配置	应有至少40间（套）可供出租的客房	应有至少50间（套）可供出租的客房	
8	面积				70%客房的面积（不含卫生间）应不小于20m²	70%客房的面积（不含门廊和卫生间）应不小于20m²	普通客房面积不小于36m²
9	房型				应有标准间（大床房、双床房）；有两种以上规格的套房（包括至少3个开间的豪华套房），套房布局合理	应有标准间（大床房、双床房）；有两种以上规格的套房（包括至少4个开间的豪华套房），套房布局合理	有残疾人客房；套房数量占客房总数的10%以上；所有套房供主人和来访客人使用的卫生间和有5个以上开间的豪华套房；不少于30%的客房有阳台

（客房）

（续表）

序号	划分内容	一星级	二星级	三星级	四星级	五星级	白金五星级
10	客房配置	客房内应用清洁舒适的床和配套家具	客房内应有清洁舒适的床以及床头柜、桌、椅等配套家具。客房应有适当装修，照明充足	客房装修良好，美观，梳妆台或写字台、衣橱或简易衣架、座椅及简易沙发、床头柜及行李架等配套家具。客房配套方便客人使用。地毯、木地板或其他较高档材料	装修高档，舒适的写字台、茶几、衣架、座椅或沙发、全身镜、床头柜、行李架等家具所有电器开关方便客人使用。室内满铺高级地毯或优质木地板或其他高级材料，采用目的区域照明效果良好	客房装修，应有舒适的床垫、软垫写字台、衣橱及衣架、座椅、床头柜、行李架等家具布置合理。所有电器开关方便客人使用。室内满铺高级地毯或优质木地板或其他高级材料。采用目的区域照明，且物照明效果良好	装修豪华，具有良好的整体氛围。应有舒适的床垫及配套用品。写字台、茶几、座椅或沙发、衣橱及衣架、床头柜等家具齐全、配置合理。所有使用电器开关方便人使用。室内满铺高级地毯或优质木地板或其他装饰，采用高质木材料装饰，目的区域照明，目的物照明效果良好
11	客房门及应急疏散	客房门安全有效，门锁应为暗锁，有防盗装置，客房内应在显著位置张贴及相应急疏散图及相关说明	客房门安全有效，门锁应为暗锁，有防盗装置，客房内应在显著位置张贴应急疏散图及相关说明	客房门安全有效，应设门镜及防盗装置，客房内应在显著位置张贴应急疏散图及相关说明	客房门能自动闭合，应有门镜及防盗装置，客房内应在显著位置张贴应急疏散图及相关说明	客房门能自动闭合，门铃及防盗镜装置，客房内应在显著位置张贴应急疏散图及相关说明	

（续表）

序号	划分内容	一星级	二星级	三星级	四星级	五星级	白金五星级
12	客房卫生间	客房内应有卫生间或提供方便客人使用的公共卫生间（客房及公共卫生间均应采取必要的防滑措施。每日应供应热水，定时段供应冷水，并有明确提示	至少50%的客房内应有卫生间，或每一层楼提供一层楼数量充足，男女分设，方便使用的公共卫生间。采取有效的防滑措施。24小时供应冷水，至少12小时供应热水	客房内应有卫生间，装有抽水马桶、梳妆台、盥洗盆（配备必要的用品），浴缸或带有淋浴间。采取有效的防滑措施，采用较高级建筑装饰材料装修地面、墙面和天花，色调柔和。目的物照明良好，有良好的排风设施，温度与客房间断电源插座。24小时供应冷、热水	客房内应有卫生间，装有抽水马桶、梳妆台、盥洗盆（配备面盆、梳妆台必要的用品），有浴缸或带有淋浴间。配有浴帘或其他有效的防溅设施。采用高档建筑装饰材料装修地面、墙面和天花，色调高雅柔和。采用分区照明且目的物照明度良好。有良好的无明显色差。有良好的排风设施，温、湿度适宜，有客房间断电话110/220V不间断电源插座。配有吹风机。24小时供应冷、热水，热标识清晰，所有设施设备均方便客人使用	客房内应有装修精致的卫生间。有高级抽水马桶、梳妆台、盥洗盆（配备面盆、梳妆台必要用品），浴缸并带有淋浴喷头（另有单独带淋浴间的可以不带淋浴喷头），配有浴帘或其他有效的防溅设施。采取有效的防滑措施。采用豪华的建筑材料装修地面、墙面和天花，色调高雅柔和。采用分区照明且目的物照明度良好的无明显色差。有良好的排风设施，噪音与客房温、湿度差异。无明显温差。110/220V不间断电源插座。配有吹风机。24小时供应冷、热水，热标识清晰，所有设施设备均方便客人使用	不少于50%的客房卫生间淋浴设施；不少于50%的客房卫生间干、湿区分开（或有独立的化妆间）

（续表）

序号	划分内容	一星级	二星级	三星级	四星级	五星级	白金五星级
13	客房电话		客房内应配备电话	客房内应配备电话	客房内应有饭店专用电话机，可以直接拨通或使用电信卡拨打国内长途电话、国内国际，并备有电话使用和所在地主要电话指南	客房内应有饭店专用电话机，方便使用。可以直接拨通或使用电信卡拨付费打国内长途电话、国内国际，并备有电话使用说明和所在地主要电话指南	
14	客房电视机		彩色电视机等设施，且使用效果良好	彩色电视机，且使用效果良好	有彩色电视机，画面和音质良好。播放频道不少于16个，备有频道目录，播放内容应符合中国政府规定	有彩色电视机，画面和音质优良。播放频道不少于16个，备有编辑顺序有频道目录，播放内容应符合中国政府规定	
15	客房广播					有背景音乐，音质良好，曲目适宜，音量可调	
16	客房隔音		有遮光性能较好的窗帘，采取防噪音及隔音措施	客房内应采取遮光和防噪音措施	有防噪音措施及隔音效果良好	应有防噪音及隔音措施，效果良好	
17	客房遮阳	客房照明充足，有遮光度较好的窗帘			有内窗帘及外层遮光窗帘，遮光效果良好	应有纱帘及遮光窗帘，遮光效果良好	

（续表）

序号	划分内容	一星级	二星级	三星级	四星级	五星级	白金五星级
18	客房电源插座		设有两种以上规格的电源插座	应有两种以上规格的电源插座，电源插座应有两个以上供客人使用的插座，位置方便客人使用，可提供转换器	应有至少两种规格的电源插座，电源插座应有两个以上供客人使用的插座，位置合理，并可提供插座转换器	应有至少两种规格的电源插座，电源插座应有两个以上供客人使用的插座，位置方便客人使用，并可提供插座转换器	
19	客房服务指示	客房内应备有住宿指南、服务须知等	客房内应备有住宿指南、服务须知等	客房内应有相适应的本星级用文具用品，服务指南、住宿须知所介绍和旅游景点游交通图等，提供书报刊	应有与本星级用相适应的文具用品、住宿服务指南，所在地旅游景点介绍和旅游交通信息等，提供与住店客人相适应的报刊	应有与本星级用相适应的文具用品，住宿服务指南，所在地旅游景点介绍和旅游交通图等，提供与住店客人相适应的报刊	
20	客房床上用品			床上用棉织品（床单、枕芯、枕套、棉被及被单等）及卫生间针织用品（浴衣、浴巾、毛巾等）材质良好、柔软舒适	床上用棉织品（床单、枕芯、枕套、棉被及被单等）及卫生间针织用品（浴衣、浴巾、毛巾等）材质较好、柔软舒适	床上用棉织品（床单、枕芯、枕套、棉被及被单等）及卫生间针织用品（浴衣、浴巾、毛巾等）材质高档、工艺讲究、柔软舒适。可应客人要求提供多种规格枕头	

（续表）

序号	划分内容	一星级	二星级	三星级	四星级	五星级	白金五星级
21	客房清理				客房、卫生间应每天清理应一次，要求应日或换床单、被单及枕套，客房用品和消耗品补充齐全，并应客人要求随时进房清理	客房、卫生间应每天清理一次，每日或要求应换床单、被单及枕套，房间用品和消耗品补充齐全，并应客人要求随时进房清理	
22	客房网络			客房内应提供互联网接入服务，并有使用说明	应提供互联网接入服务，并备有使用说明，使用方便	应提供互联网接入服务，并备有使用说明，使用方便	
23	夜床服务				应提供开夜床服务，放置晚安致意品	应提供开夜床服务，夜床服务效果良好	
24	客房酒吧服务				应提供客房微型酒吧服务，至少50%的房间提供小冰箱，备有适量酒和饮料，并备有饮用器具和价目单。免费提供茶叶或咖啡，提供冷热饮用水，可应客人要求提供冰块	应提供客房微型酒吧（包括小冰箱）服务，与住店客人饮适量相配的酒和饮料，备有饮用器具和价目单。免费提供茶叶或咖啡，提供冷热饮用水，可应客人要求供水	不少于70%的客房内配有静音、节能、环保型冰箱

（续表）

序号	划分内容	一星级	二星级	三星级	四星级	五星级	白金五星级
25	客房洗衣服务				应提供客衣干洗、湿洗、熨烫服务，可在24小时内交还客人，可提供加急服务	应提供客衣干洗、湿洗、熨烫服务，可在24小时内交还客人，可提供加急服务	24小时提供加急洗衣服务
26	客房送餐服务				应18小时提供送餐服务。有送餐菜单和饮料单，送餐菜式品种不少于8种，饮料品种不少于4种，甜食品种不少于4种，有可挂置门外的送餐牌	应24小时提供送餐服务。有送餐菜单和饮料单，送餐菜式品种不少于8种，饮料品种不少于4种，甜食品种不少于4种，有可挂置门外的送餐牌，送餐车应有保温设备	
27	客房留言和叫醒服务				应提供留言及叫醒服务	应提供人工叫醒及语音信箱服务，服务效果良好	提供语音信箱服务
28	客房会客服务				应提供会客服务，应客人的要求及时提供加椅和茶水服务	应提供客人在房间会客服务，应客人的要求及时提供加椅和茶水服务	
29	客房擦鞋服务			客房内应备有擦鞋用具	客房内应备有擦鞋用具，并提供擦鞋服务	客房内应备有擦鞋用具，并提供擦鞋服务	

（续表）

序号	划分内容	一星级	二星级	三星级	四星级	五星级	白金五星级
30	行政楼层						有位置合理，功能齐全、品味高雅、装饰华丽的行政楼层；至少对行政楼层专用服务行政楼层客房内配有可收发传真或上网的设备
31	管家服务						提供24小时管家式服务
32	保险箱						不少于50%的客房配备客用保险箱
33	手电筒						客房内配有逃生用充电式手电
34	洗浴用品						客房卫生间有大包装、循环使用的洗发液、沐浴液方便容器
35	放大镜和防雾镜						客房卫生间配备防雾镜或化妆放大镜
36	饮用水系统						客房卫生间有饮用水系统
37	无烟区						设有无烟楼层

（续表）

序号	划分内容	一星级	二星级	三星级	四星级	五星级	白金五星级
38	电熨机						所有客房内配有电熨裤机
39	写字台电话						所有客房附设写字台电话
40	智能系统						视音频交互服务系统（VOD），提供客房内可视性账单查询服务
餐厅及吧室							
41	布局		应有就餐区域，提供桌、椅等配套设施，照明充足，通风良好	应有与饭店规模相适应的独立餐厅，配有符合卫生标准和管理规范的厨房	应有布局合理，装饰设计格调一致的中餐厅	各餐厅布局合理，环境优雅，空气清新，不串味，温度适宜	
42	装修档次					应有装饰豪华、氛围浓郁的中餐厅，餐厅环境优雅	
43	风格					应有风格独特的风味餐厅，或装饰豪华、格调高雅的外国餐厅，风味餐厅或外国餐厅均配有专门厨房	

（续表）

序号	划分内容	一星级	二星级	三星级	四星级	五星级	白金五星级
44	自助餐厅				应有位置合理，格调优雅的咖啡厅（或格调简易西餐厅），提供品质较高的自助早餐	应有位置合理，独具特色、格调高雅的咖啡厅，简易西餐厅。供高品质的自助早餐，有供简易西餐。咖啡厅（或餐厅）营业时间不少于18小时	有布局合理，装饰豪华、装调高雅，符合国际标准的高级西餐厅，可提供正规的西式正餐和宴会；有24小时营业的餐厅
45	宴会厅				应有宴会单间或小宴会厅。提供宴会服务	应有3个以上宴会单间或小宴会厅。提供宴会服务，效果良好	有净高不小于5m，至少容纳500人的宴会厅；至少容纳200人的大宴会厅，配有门和专门厨房
46	酒吧/茶室				应有专门的酒吧或茶室	应有专门的酒吧或茶室	有位置高雅、气氛浓郁的独立封闭式酒吧
47	餐具				餐具应按中外习惯成套配置，无破损，光洁，卫生	餐具应按中外习惯成套配置，材质高档，有特色，无破损痕，光洁，卫生	
48	菜单				菜单及饮品单应整洁美观，完装清洁，出菜率不低于90%	菜单及饮品单应装帧精美，完整清洁，出菜率不低于90%	

（续表）

序号	划分内容	一星级	二星级	三星级	四星级	五星级	白金五星级
49							餐厅、吧室均设有无烟区
50							餐厅及吧室不使用一次性筷子、一次性湿毛巾和塑料桌布
51							至少容纳200人的多功能厅或专用会议室，并有良好的隔音、遮光效果，配设衣帽间；至少2个小会议室或洽谈室（至少容纳10人）；会议即席发言麦克风
52	位置			厨 房	位置合理，布局科学，传菜路线不与其他公共区域交叉	位置合理，布局科学，传菜路线不与非餐饮公共区域交叉	
53	隔音/隔热/隔味				厨房与餐厅之间采取有效的隔音、隔热和隔味的措施。进出门自动闭合	厨房与餐厅之间采取隔音、隔热和隔味的措施。进出门分开并能自动闭合	

（续表）

序号	划分内容	一星级	二星级	三星级	四星级	五星级	白金五星级
54	装修				墙面满铺瓷砖，用防滑材料满铺地面，有地槽	墙面满铺瓷砖，用防滑材料满铺地面，有地槽	
55	冷热熟分离				冷菜间、面点间独立分隔，有足够的冷气设备	冷菜间、面点间独立分隔，有足够的冷气设备。冷菜间内有空气消毒设施	
56	消毒/更衣				冷菜间内有空气消毒设施和二次消毒更衣设施	冷菜间有二次更衣场所及设施	
57	粗/精分离				粗加工间与其他操作间隔离，各操作间温度适宜，冷气供应充足	粗加工间与其他操作间隔离，各操作间温度适宜，冷气供应充足	
58	洗碗间				洗碗间位置合理，配有洗碗和消毒设施	洗碗间位置合理（紧临厨房与餐厅出入口），配有洗碗和消毒设施	
59	仓储				有必要的冷藏、冷冻设施、生熟食品及半成食品分柜置放；有干货仓库	有必要的冷藏、冷冻设施、生熟食品及半成食品分柜置放；有干货仓库	
60	垃圾设施				有专门放置临时垃圾的设施并保持其封闭，排污设施（地槽、抽油烟机和排风口等）保持清洁畅通	有专门放置临时垃圾的设施并保持其封闭，排污设施（地槽、抽油烟机和排风口等）保持清洁畅通	

（续表）

序号	划分内容	一星级	二星级	三星级	四星级	五星级	白金五星级
61	防虫措施				采取有效的消杀蚊蝇、蟑螂等虫害措施	采取有效的消杀蚊蝇、蟑螂等虫害措施	
62	送检机制				应有食品留样送检机制	应有食品化验室或留样送检机制	
	会议康乐设施						
63	娱乐设施				应有至少两种规格的会议设施，配备相应的设备并提供专业服务	应有两种以上规格的会议设施，有多功能厅、配备相应的设备并提供专业服务	
64	布局				应有康体设施，布局合理，提供相应的服务	应有康体设施，布局合理，提供相应的服务	
65	剧院						歌舞厅；有影剧场，舞台照明系统美设施和能满足一般演出需要；定期歌舞表演
66	美容美发						美容美发室
67	健身						健身中心
68	桑拿保健						桑拿浴；保健按摩

（续表）

序号	划分内容	一星级	二星级	三星级	四星级	五星级	白金五星级
69	书店						独立的书店或图书馆（至少有1 000册图书）
70	温泉/滑雪场						自用温泉或滨谷场或滑雪场
71	游泳池						室内游泳池；室外游泳池
72	游戏室/运动室						棋牌室；游戏机室；桌球室；乒乓球室
73	保龄球						保龄球室（至少4道）
74	网球						网球场
75	高尔夫						高尔夫练习场；电子模拟高尔夫球场；高尔夫球场（至少9洞）
76	其他						壁球场；射击或射箭场；其他运动休闲项目
公共区域							
77	室外环境					饭店室外环境整洁美观	饭店室外环境整洁美观，绿色植物维护良好

（续表）

序号	划分内容	一星级	二星级	三星级	四星级	五星级	白金五星级
78	后台				饭店后台设施完善、维护良好	饭店后台区域卫生设施完整清洁、维护良好，前后台衔接合理、通往后台的标识清晰	
79	停车		应提供回车线或停车场	应提供回车线，并有一定泊位数量的停车场	应有回车线，有足够的停车场，提供相应的服务	应有效果良好的回车线，并有与规模相适应的停车场，有残疾人停车位，停车场环境效果良好，提供必要的服务	
80	电梯		5层以上（含5层）的楼有客用电梯	4层以上（含4层）的建筑物有足够的客用电梯	3层以上（含3层）建筑物应有数量充足的高质量客用电梯、轿厢装饰高雅。配有服务电梯	3层以上（含3层）建筑物应有数量充足的高质量客用电梯、轿厢装饰高雅、速度合理、通风良好；另备有数量、位置合理的服务电梯	客用电梯轿厢内两侧均有按键；电梯内有方便残疾人使用的按键
81	公共卫生间、电话及照明	公共区域应有男女分设卫生间、有公用电话及应急照明设施	公共区域应有男女分设卫生间、有公用电话及应急照明设施		主要公共区域应有男女分设的同隔式公共卫生间、环境良好	各公共区域均应有男女分设的同隔式公共卫生间、环境优良、通风良好	
82	商品店				应有商品部，出售旅行日常用品、旅游纪念品等	应有商品部，出售旅行日常用品、旅游纪念品等	专卖店或商场

（续表）

序号	划分内容	一星级	二星级	三星级	四星级	五星级	白金五星级
83	商务中心				应有商务中心，可提供传真、复印、国际长途电话、打字等服务，有可供客人使用的电脑，并可提供代发信件、手机充电等服务	应有商务中心，可提供传真、复印、国际长途电话、打字等服务，有可供客人使用的电脑，并可提供代发信件、手机充电等服务	
84	旅游服务				提供或代办市内观光服务	提供或代办市内观光服务	旅游信息电子查询系统
85	公用电话				应有公用电话	应有公用电话，并配有便签	
86	应急照明及供电			有应急供电设施和应急照明设施	应有应急照明设施和应急供电系统	应有应急照明设施和应急供电系统	
87	监控				主要公共区域有闭路电视监控系统，并有相关提示	主要公共区域有闭路电视监控系统	现场监控系统及视音频转播系统
88	公区装修		公共区域墙面整洁，应有适当装修，光线充足，紧急出口标识清楚、位置合理，无障碍物	走廊地面应满铺地毯或其他周相协调的材料，墙面装修，有适当装修保持充足，线路出口标识清楚、位置合理，无障碍物	走廊及电梯厅地面应满铺地毯或其他高档材料，墙面装修，有装修整洁、温度适宜，通风良好，光线适宜；紧急出口标识清楚、位置合理，无障碍物；有符合规范的安全逃生通道、安全避难场所	走廊及电梯厅地面应满铺地毯或其他高档材料，墙面装修，有装修整洁、温度适宜，通风良好，光线适宜；紧急出口标识清楚、位置合理，无障碍物；有符合规范的安全逃生通道、安全避难场所	

（续表）

序号	划分内容	一星级	二星级	三星级	四星级	五星级	白金五星级
89	员工生活空间				有必要的员工生活和活动设施	应有充足的员工生活和活动设施	
90	湿度控制						各类设施配备齐全，品质一流；饭店内主要区域有温、湿度自动控制系统
91	专项设施						有规模壮观、构思独特、布局科学、装潢典雅、出类拔萃的专项配套设施
92	展厅						至少2 000m² 的展厅
93	鲜花店						独立的鲜花店
94	饼屋						饼屋
95	特殊电梯						有观光电梯；有自动扶梯

注：参见《旅游饭店星级的划分与评定》（GB/T 14308—2009），表中白金五星级酒店是在五星级酒店标准基础上扩展的内容，且特色要求达到一定标准即可，无须达到所有的内容。

（2）其他类型酒店：随着商务酒店的蓬勃发展，旅游度假、时尚、会务等不同类型的新型酒店也相继出现并迅速成长。在一些知名酒店管理中亦有度假旅游型酒店品牌，如 Banyan Tree。在不同的旅客需求中，精品酒店和连锁型快捷酒店成为纯旅游酒店的两个代表，精品酒店如朗廷扬子酒店、安曼和安麓等，快捷酒店如如家、锦江之星。

1984 年美国纽约 Morgans Hotel 开业，这个酒店与传统的大型酒店不同，它只有 113 个房间，位于纽约最好的地段——麦迪逊大道，并由当时一位著名的法国女设计师设计。至此，精品酒店登上历史舞台。

精品酒店的特点：一般房间的数量都比较少，通常不超过 100 个房间。餐厅的选择都是很有限的，一般只有一个或者没有。其他的设施，如会务中心、商务设施等也不像传统酒店有那么多。

精品酒店注重设计元素，所有的设计都是以设计师为主。他们把设计师作为主要的卖点，可以由一个设计师设计，或是由多个设计师设计。

如在西班牙马德里建造 Puerta America 酒店，酒店大堂由 John Pawson 设计，餐厅则是由法国设计师 Christian Liaigre 来完成。每一个地方的设计都是不一样的，每一层也都是由不同的设计师设计。比如第一层找了英国的设计师 Zaha Hadid 设计，整个房间都是按他的建筑风格，每一个地方都是用杜邦瓷。这个 Puerta America 酒店跟传统的风格完全不一样，你在前台登记的时候会给你一个餐单，你可以在餐单里面选住几楼，上面会说哪一层是什么风格，就像你在餐厅点菜一样，你会看出每一个设计师的设计风格，还有他们的设计重点。

还有新加坡的新大华酒店，这个酒店也是根据这种设计概念做的，但是它的变化更大，它不是找一些建筑设计师和室内设计师设计，而是把一些时装设计师、电影导演、音乐人请到一起，这个房间是找了新加坡很著名的时装设计师设计的，那个是新加坡很著名的平面设计师设计的，另一个是电影导演设计的，主题是张艺谋的电影。可以看出找服装设计师和平面设计师等设计出来的风格都是不一样的。每一位设计师都有自己独特的风格，一般来说建筑学的设计师设计出来的东西都是比较理性的，看出来很有空间的感觉。如果是室内设计师的话就会比较人性化一点，如果是服装设计师设计就更厉害了，就像服装表演一样，用的材料都很有质感，每一个房间都是不一样的，这是一个品牌的融合。

还有一些精品酒店建造在风景迷人的景区或景区附近，如丽江悦榕庄酒店（图 6-2），设计风格较为夸张，颠覆传统，但又不失功能上的完备。

从近期酒店发展来看，未来酒店室内装饰的发展更趋向于设计风格化、功能专业化和时尚精品化。更多酒店室内设计打破原有的暖色调，采用冷色调，如璞丽酒店客房以深黑色色调为主（图 6-3）。

功能专业化：商务型、旅游型；

商务型酒店：如家，注重商务客的基本需求，特点在于网络，办公；

图 6-2　丽江悦榕庄酒店（Banyan Tree）

图 6-3　璞丽酒店客房

时尚精品化：典型如 Banyan Tree、华尔道夫、W 酒店（W HOTELS），其特点主要在于设计风格独特，做工精良，主题鲜明，特点突出，有 SPA、动漫、老时代等。

三、高端商务酒店建筑的各区域面积

20 世纪末，为更好服务商务客，商务酒店遍布全球，因此在商务酒店中较多地关注商务功能，同一品牌的酒店，统一的服务要求，以及近似的装饰风格。商务酒店装饰大多以暖色调为主，有 $35 \sim 42m^2$ 的酒店标准客房、$7 \sim 12m^2$ 的卫生间。在酒店中，根据酒店标准不同，室内精装饰面积占建筑面积也不等。五星级酒店区域建筑面积、酒店主要面积分配、各功能块组成及面积如表 6-2 ~ 表 6-8 所示。

表 6-2　五星级商务酒店区域建筑面积表

序　号	区　域	建筑面积 /m²	占总建筑面积比例 /%
1	客房	15 936	28.15
2	大堂、中庭围廊、电梯厅及走道	6 823	12.05
3	公共卫生间	254	0.45
4	宴会厅、餐厅、酒吧及酒廊	3 693	6.52
5	会议室及接待室	768	1.36
6	游泳池、SPA 及健身房	1 811	3.20
前场装修面积		29 285	51.73
7	酒店员工区及办公用房	2 916	5.15
8	餐厅厨房	815	1.44
9	辅助用房（储藏室、布草间、茶水间、消防电梯间及楼梯前室等）	3 386	5.98
10	车库、设备用房及其他	20 207	35.70
后场装修面积		27 324	48.27
	合计	56 609	100.00

表 6-3　大堂组成及面积参考（一般五星级商务酒店）

序　号	部　位	面　积 /m²
1	前厅	250 ~ 400
2	总服务台、大堂副经理台	40 ~ 80
3	前台部办公室（包括：前台经理办公室、接待室及会议室、秘书、复印、打字、传真、预订部办公室、开放式办公室、贵重物品寄存处、礼宾部\总出纳办公室）	100 ~ 250
4	配套中心（包括：商务中心、外币兑换处、银行、邮电、票务、公用电话、商场及商场部办公室、鲜花店）	60 ~ 200
5	公共休息区、大堂酒吧	250 ~ 600
6	公共卫生间	100 ~ 180
7	客用电梯间	50 ~ 100

表 6-4　行政办公室组成及面积参考

序　号	部　位	面　积 /m²
1	董事会办公室	约 18
2	总经理办公室	约 18
3	总经理秘书室	约 15
4	副总经理办公室	约 16
5	副总经理秘书室	约 10
6	行政会议室	40 ~ 50
7	接待室	约 15
8	财务部办公室	约 80
9	财务部凭证存放室	约 30
10	餐饮成本会计室	约 30
11	财务总监办公室	约 16
12	财务总监秘书室	约 10
13	副财务总监办公室	约 10
14	总会计师办公室	约 10
15	电脑房	约 50
16	市场销售部办公室	40 ~ 50
17	市场销售总监办公室	约 16
18	公共关系部经理办公室	约 10
19	美工室及公共关系部办公室	约 25
20	行政办邮件交换兼行政办接待秘书处	约 15
21	餐饮部总监办公室	约 15
22	餐饮部办公室	约 60
23	房务部总监办公室	约 16
24	物业部经理办公室	约 30

表6-5 人事训练部组成及面积参考

序 号	部 位	面 积/m²	备 注
1	人事部经理办公室	约10	
2	人事部开放式办公室	约60	
3	员工医疗室	约30	
4	培训部办公室	约30	
5	培训部经理办公室	约10	
6	培训课室	约35	约4个

表6-6 保安部组成及面积参考

序 号	部 位	面 积/m²
1	保安部经理办公室	约10
2	保安部办公室	约30
3	调查及审讯室	约10
4	保安监控系统监控室	约20
5	消防自动报警系统监控室	约20

表6-7 工程部组成及面积参考

序 号	部 位	面 积/m²
1	工程部经理办公室	约15
2	工程部办公室（包括：秘书、打字、复印、图纸资料存放、会议室等）	约30
3	值班工程师办公室	约25
4	工程材料储备室（工程仓）	约80
5	空调系统工程师办公室及维修工场	约30
6	锅炉工程师办公室及值班室	约30
7	强电工程师办公室及维修工场	约35
8	弱电工程师办公室及维修工场	约30
9	机管工程师办公室及维修工场	约50
10	装修工程师办公室及维修工场	约80
11	危险品仓	约35
12	楼宇自动控制系统监控室	约30
13	闭路电视、背景音乐、广播系统控制室	约20

表 6-8　餐饮、娱乐、康体系统组成及面积参考

序　号	部　位	面　积/m²	备　注
1	中餐厅	500～800	1.1 座/间客房，1.8m² 座位
2	中餐厅厨房	150～320	中餐厅的厨房面积是餐厅总面积的 33%～40%
3	西餐厅	330～440	150～200 个餐位为宜，2.2m²/座
4	西餐厅厨房	110～180	西餐厅厨房的面积需略大，因为它功能齐全、要求严格，可分热厨、冻厨、饼房（有裱花间）、切肉房，且每个部门都要绝对独立，所以它的面积占餐厅面积的 38%～40%，厨房内洗碗间的面积占厨房面积的 20%～22%
5	咖啡厅		0.7 座/间客房，1.8m²/座
6	咖啡厅厨房		该厨房的面积占咖啡厅面积的 32%～34%
7	送餐部		送餐部是否独立成一个小部门要取决于酒店的规模，350 间房以下的酒店就不需要独立设置，咖啡厅可以发挥这个功能。如需独立设置的话，送餐部厨房可与咖啡厅厨房共用（包括出品人员及厨房设施），只需要独立设置一个房客电话点餐接听房（包括送餐部办公室及小仓库，约 30m²）及备餐区（约 40m²）就可以了。一般来说，需独立设置送餐部的酒店起码有 450 间房以上

酒店主要面积分配比例如下。

（1）客房面积。包括交通面积，占总建筑面积 43%。

（2）公共区域面积。包括大堂、前台、商场、康乐设施，占总建筑面积 19%。

（3）餐饮娱乐设施面积。包括冷库、厨房及相关部分，占总建筑面积 16%。

（4）行政、生活面积。包括行政办公室、职工生活、后勤服务，占总建筑面积 11%。

（5）工程部面积。包括机房等设备用地、维修工场、工程部办公室、备品备件仓库，占总建筑面积 11%。

现代酒店的餐饮经营已不能将餐饮部仅作为酒店的配套设备部门来运作，而是将其作为独立的餐饮场所经营，在设计整个餐饮部门时应考虑能向客人提供完善的服务设施。但这些服务设施不只是向入住客人提供，更要把整个餐饮部推向市场，所以餐饮部内餐厅及其他设施的设计一定要有特色，每个餐厅都要有其独特的装修风格（餐厅的装修设计一定要结合这个餐厅提供什么菜式）。

四、酒店建筑设施

1. 一般四、五星级酒店餐饮部设施

1）中餐厅

（1）中餐厅营业场所及配套设施。中餐厅可以经营粤菜、川菜、淮扬菜、浙江菜、上海菜、鲁菜及湘菜等，不同菜式的中餐厅有不同的装修风格。就算是同一菜系的中餐厅，装修也有不同的表现手法。中餐厅的面积要结合本酒店的实际情况及规模，但不管面积及装修风格如何，都必须有下列几个设施。

① 贵宾房（这是中餐经营中不可少的配套设施）。有条件的话，贵宾房必须有卡拉OK设备、舞池，更理想的是带洗手间，有独立的食品输送窗或小房间。

② 餐厅正门口要有明显的标志及有气派。

③ 餐厅内设有服务性酒吧。

④ 有收款处。

⑤ 有衣帽间（约 15m²）。

⑥ 有餐厅经理办公室及餐厅用品存放室（约 25m²）。

⑦ 有客用的男、女卫生间。

⑧ 大厅有背景音乐装置。

⑨ 餐厅通往厨房的门口需两个：一出、一进，门带弹簧，并能隔味、隔热、隔音。

⑩ 餐厅内必须有让客人可自由选择海鲜的海鲜池及烧腊明档（海鲜池总重约 20t）。

（2）中餐厅厨房设施

① 墙面满铺瓷砖，用防滑材料满铺地面。

② 厨房需设冷库，用于肉类、蔬菜的存放。

③ 要有总厨办公室及干货小仓、调料小仓。

④ 热菜间、冷菜间（或烧卤间）、面点间要分开。

⑤ 厨房及洗碗间必须有临时存放垃圾的设施。

2）西餐厅

（1）西餐厅营业场所及配套设施。西餐厅有法国餐厅、意大利餐厅、瑞士餐厅、墨西哥餐厅、葡国餐厅、美国餐厅等。不同的国家有不同的餐饮文化，餐厅的装修风格也不同，餐厅都应该有下列设施。

① 有客用男、女卫生间。

② 有服务性酒吧。

③ 餐厅正门口要有明显的标志。

④ 有衣帽间。

⑤ 有收款处。

⑥ 有餐厅经理办公室及服务用品存放室（约 35m²）。

⑦ 有背景音乐设施。

⑧ 餐厅通往厨房的门口需两个：一出、一进，门带弹簧，并能隔味、隔热、隔音。

（2）西餐厅厨房设施。

① 冷库（存放肉类、蔬菜）。

②有干货仓及调料仓。

③有总厨办公室。

④厨房墙面满铺瓷砖，用防滑材料满铺地面。

⑤洗碗间及厨房内必须有临时存放垃圾的设施。

3）咖啡厅

一般四、五星级酒店必须有咖啡厅，不论是国外、国内都如此。中国国家旅游局明确规定，要评上四或五星级的酒店，餐饮设施中必须有咖啡厅。但每间酒店的咖啡厅装修风格及面积规模都不同，咖啡厅的建筑要求与西餐厅一样。咖啡厅虽然也要分冻厨、热厨、甜品档，但饼房、切肉房可与西餐厅厨房共用（都是在西餐厅行政总厨管理下的部门）。其他的设施与西餐厅厨房一样。

4）宴会部

宴会部的大小要取决于酒店的规模，应尽量大（因为宴会的营业收入占整个餐饮收入的较大比例）。

（1）宴会部营业场所设施

①有独立的贵宾房（可用于小型会议或一席的中式宴会），每间面积 $80 \sim 95 m^2$，最理想的是有几间这样的贵宾房相连，这些贵宾房既可独立使用，也可相通，以活动拉门为间隔。

②有多功能会议厅。

③有宴会大厅（可以与多功能会议厅在一起），该大厅面积以可举行 600 人左右西式酒会或能安排 50 席中式宴会为宜。

（2）宴会部的配套设施

①有宴会部办公室（约 $45 m^2$）。

②有经理办公室及存放较为贵重的宴会器材的仓库。

③有宴会部仓库（约 $100 m^2$）。

④有存放宴会服务用品及台、椅等。

⑤有宴会部衣帽间（约 $10 m^2$）。

⑥有宴会营业场所要设有卫生间。

⑦宴会营业场所要有电话台。

⑧宴会厅必须有灯光、音响设备控制室，有同声传译室约 4 小间（ $5 \sim 6 m^2$/间）。

⑨有茶水房。

⑩需有贵宾休息室约 $80 m^2$。

（3）宴会部厨房

①宴会部厨房不需要太大，只占宴会厅面积 30% 左右即可。原因是如果有宴会的话，总厨会安排在中餐或西餐厨房各自先做粗加工及半成品加工，等宴会开始时在宴会厨房出成品而已。宴会部的洗碗间需稍大，每次宴会结束都要清洗大量的餐具，如洗碗

间太小会造成不必要的破损及影响存放，所以一般宴会部洗碗间的面积占厨房面积的30%。

② 宴会部厨房与宴会厅的进出门口也要分两个：一进、一出，门带弹簧，且能隔音、隔热、隔味。

③ 洗碗间与厨房内有专门临时存放垃圾的设施，宴会部的厨房墙身要满贴瓷砖，地面要满铺防滑地砖。

5）酒吧（包括大堂吧及正规的酒吧）

酒吧的构成较为简单，原则上分为两部分：酒吧台（出品区）及客人就座区。酒吧台长 7~9m，吧台高为 1.3m，纵深为 1.5m，酒吧台后工作区大约要有 1.8m 的纵深。

酒吧的装修设计风格既可与酒店的主体装修风格配合，也可以有明显的区别，有独特的效果（如典型的美国西部牛仔式或传统英国绅士式等）。酒吧应有下列设备：

① 有男、女卫生间。

② 有独立的音响系统设备。

③ 有有衣帽间。

④ 有经理办公室及酒水小仓库。

⑤ 有收款处。

⑥ 有洗杯间。

⑦ 酒吧台前设置酒吧凳供客人随意就座。

⑧ 酒吧台后有一个酒架，用于摆放可以提供给客人的所有酒类。

6）管事部

管事部的作用有：保管、统筹安排、清洁餐饮部所有的餐具；清洁厨房卫生；清理餐饮部内的垃圾。管事部的设计必须考虑下列几方面：

① 管事部办公室最理想是设在员工生活设施及服务设施层（约 30m²），供经理、文员和其他管理人员及资料存放。

② 管事部需要一个大仓库，以存放餐饮部内尚未投入使用的器皿及宴会部使用但不需经常放于厅内的器皿，所以管事部仓库需 80~100m²。

③ 清洁用品、设备存放室 50m²。

2. 一般四、五星级酒店客房区域设施

1）标准客房

（1）面积：约 33m²，卫生间的面积占约 6m²。

（2）室内设备：豪华软垫床（1.2m×2m 双人房、1.8m×2m 单人房）、高身衣柜（内有衣架）、梳妆台连凳（梳妆台带抽屉）、座椅或沙发、茶几、梳妆镜、床头多功能控制柜、行李柜、电视柜、迷你酒吧。

（3）室内电器：床头灯、落地灯、镜前灯、电话、电视机、小型电冰箱，需有电脑网线、传真机的专用电话线。

（4）其他设备：房门使用磁卡锁、可自行调节室温的中央空调系统、内窗帘及外层遮光窗帘、室内地面满铺高级地毯。

（5）卫生间设备：高级进口低噪声抽水马桶；梳妆台为进口大理石面料；配备面盆、梳妆镜、化妆放大镜；面盆上有冷热水龙头；浴缸；浴帘；晾衣绳；防滑措施；独立的淋浴室；高、低电压均可的电源插座；电话副机；吹风机及体重磅；手纸箱等。

2）套房

（1）面积：70m²，有两个卫生间——设于客厅客人用的约5m²，设于睡房主人用的约9m²。

（2）套房的布局：客厅（25m²）、客人卫生间、主人睡房（31m²）、主人卫生间。

（3）室内设施

① 客厅：高级沙发、茶几、电视柜、迷你酒吧、装饰柜、装饰物等。

② 客人卫生间：高级进口低噪声抽水马桶、进口大理石面料梳妆台、洗手盆、梳妆镜、冷热水龙头、手纸箱等。

③ 主人睡房：床的尺寸是1.8m×2m，其他设施与标准客房一样。

④ 主人卫生间：与标准客房卫生间设备一样，但面积要稍大。

（4）室内电器：与标准客房大致一样，只是客厅多增加一台电视机及电话。

（5）其他设备：与标准客房一样。

套房的家具、装饰物等要比标准房高级，并设有写字台。

3）豪华套房

（1）面积：90～120m²（取决于酒店的规模）。

（2）豪华套房的布局：客厅（30m²）、书房（15m²）、睡房（30m²）、客人卫生间（5m²）、主人卫生间（16m²）。

（3）室内设施

① 客厅：与普通套房大致相同，只是家具的档次更高，装饰物、装饰柜、沙发等多一些。

② 书房：书柜、高级靠椅、办公柜（书台）、沙发等。

③ 睡房：大床尺寸2m×2.2m、高身衣柜、床头柜、梳妆台带凳、行李柜、电视柜、沙发、茶几等。

④ 客人卫生间：与普通套房的客用卫生间一样。

⑤ 主人卫生间：面积要大，设备有高级进口低噪声马桶、妇洗器、带按摩功能的浴缸、独立淋浴室、干蒸或湿蒸的桑拿房、洗面台及其他与普通套房一样的设备和装置。

（4）室内电器：室内电器与普通套房一样。

（5）其他设备：与普通套房一样。

不管是标准客房、套房、豪华套房的基本设施是一样的，只是各种房间面积、家具、装饰物的档次不同。

4）总统套房

（1）面积：400～450m²。

（2）总统套房的布局：正门走廊（10m²）、会客大厅（60m²）、会议室（可作为饭厅，45m²）、书房（25m²）、主人睡房（65m²）、主人更衣室（15～20m²）、夫人房（35m²）、侍卫室（带卫生间，25m²）、随行人员房（45m²）、大厅卫生间（10m²）、主人卫生间（40m²）、厨房（20m²）、花园（50m²）。

（3）室内设施

① 会客大厅：高级沙发、茶几、装饰柜、装饰物、电话、台灯、电视机等。

② 会议室：高级长型会议台及椅、装饰柜、电话等。

③ 书房：办公台、高级靠椅、沙发、茶几、书柜、书架、台灯、装饰物、电话等。

④ 主人睡房：大床（2m×2.2m）、床头柜两个、脚凳、沙发、茶几、电视柜、电视机、装饰柜、装饰物等、电话、床头灯（台式）、落地灯等。

⑤ 主人房更衣室：大型高身衣柜、行李柜、全身镜、梳妆台、椅、简易熨衣机等。

⑥ 夫人房：夫人房的设备与豪华套房睡房大致相同（床1.8m×2m），只是设备的档次高一些。

⑦ 侍卫房：与标准客房一样的设备。

⑧ 随行人员房：与普通套房一样的设备。

⑨ 客人卫生间：低噪声抽水马桶、梳妆台（进口大理石面料）带洗手盆、梳妆镜、有冷热水龙头、手纸箱。

⑩ 主人卫生间：独立淋浴室、水力按摩浴池、超豪华低噪声抽水马桶、妇洗器、干蒸或湿蒸桑拿房、高级进口大理石的梳妆台带洗手盆、冷热水龙头、电吹风、体重磅、电话分机、手纸箱等。

⑪ 厨房：电冰箱、抽油烟机、洗手盆、煤气煮食炉、局炉、微波炉。

5）楼层服务台

应设于正对客用电梯处，服务台长5～6m、高1.2m，台后工作面积8～10m²。

6）服务准备间

面积25～30m²，设有独立的客用器皿洗消间（有一洗、二过、三消毒的设备）及服务用品储存柜。

7）服务员卫生间

设男、女各一间，每间面积约4m²。

8）布草存放间

面积约25m²。

9）垃圾储存室

面积约10m²。

10）残疾人客房

约占总房间数 1%。根据文化和旅游部规定，星级酒店必须有专为残疾人服务的客房。该房间内设备能满足残疾人生活起居一般要求。另外每间酒店的套房数是总房间数的 10% ~ 15%，放置房间大床和双床的比例是 4 : 6，连通房每层是大约 4 间。

11）布草房及制服房

（1）布草房：是全酒店存放、更换布草之处，所以面积必须有 80 ~ 110m²。

（2）制服房：是存放员工制服的场所，并且每天接受员工更换干净制服，所以面积必须有 120 ~ 140m²。

五、酒店建筑室内装饰造价指标说明

本节造价指标中酒店餐厅参考商业中餐厅部分，酒店宴会厅因综合餐厅及大型会务功能，因此还是在本章节中描述。在本酒店室内装饰指标中包括客房、总统套房、高级套房、宴会厅、SPA、健身房（图 6-4、图 6-5）。

本造价指标的内容不包括活动家具、艺术品挂画、窗帘和固定墙体，此部分具体可详见第十六章。在酒店项目中家具是装饰造价的重要组成部分，在下述造价指标中均已包括了固定家具，但未包括活动家具。以活动家具与固定家具来分未必科学，但目前尚未有更好的科学方法。

在酒店客房中活动家具随着酒店星级不同，所占的造价比例亦不相同。

1）客房区域内

（1）活动家具的主要项目为：沙发及抱枕、写字椅、单人椅及背垫、床头柜（在某些设计中为悬空固定）、行李架、阳台座椅、圆桌及边桌等。

（2）固定家具主要为：固定衣柜、写字台、床背板、迷你吧柜、电视机柜等。

2）公共区域内

（1）活动家具主要项目为：餐桌及餐椅、写字桌椅、2 ~ 3 人沙发、小型边柜、单人座椅等。

（2）固定家具主要为：接待桌 / 台、料理台、酒吧柜、固定储物柜、固定沙发等。

六、酒店建筑不同功能区域室内装饰造价指标

酒店建筑不同功能区域室内装饰造价指标如表 6-9 ~ 表 6-19 所示。

表 6-9　酒店标准客房（普通）（不含卫生间）装饰指标

面积：18m²

序 号	部 位	主要项目名称及说明	单位造价（元/m²）	备 注
一	地面		140	
		普通地面复合地板		
二	墙面		325	
		床背板		
		固定镜子		
		乳胶漆		
		PVC 踢脚线		
三	天花		100	
		石膏顶角线		
		乳胶漆		
四	门		135	
		混水木门（包括门扇、门套及五金）		
五	灯具		40	
		普通筒灯		
		普通床头灯		
		普通台灯		
六	开关面板		20	
		普通开关面板		
		普通插座		
七	综合单价		760	尾数进位

表 6-10　酒店标准客房高档装饰（不含卫生间）

面积：25m²

序 号	部 位	主要项目名称及说明	单位造价（元/m²）	备 注
一	地面		280	
		高档阿克明地毯		
二	墙面		1 250	
		高档木饰面		
		高档墙纸		
		黑钢饰面		

（续表）

序 号	部 位	主要项目名称及说明	单位造价（元/m²）	备 注
		高档皮革饰面		
		衣橱		
		迷你吧		
三	天花		265	
		铝百叶风口（加工完成后送至工地）		
		双层石膏板造型吊顶		
		乳胶漆		
四	门		255	
		进户门（包括门扇、门套及五金）		
五	灯具材料		80	
		高档台灯		
		高档床头阅读灯		
		高档落地灯		
六	开关面板		55	
		高档开关面板		
		高档插座		
七	综合单价		2 185	尾数进位

表 6-11　酒店标准客房（豪华）装饰（不含卫生间）　　　面积：31m²

序 号	部 位	主要项目名称及说明	单位造价（元/m²）	备 注
一	地面		320	
		设计图案编织名贵地毯		
二	墙面		2 200	
		名贵木饰面		
		名贵墙纸		
		玻璃镜面		
		踢脚线		
		名贵木饰面床背景墙		
		名贵木饰面衣橱		
		名贵木饰面床头板		

（续表）

序 号	部 位	主要项目名称及说明	单位造价（元 /m²）	备 注
		名贵木饰面迷你吧		
三	天花		295	
		铝百叶风口		
		双层石膏板复杂造型吊顶		
		乳胶漆		
四	门		460	
		进户门（包括门扇、门套及五金）		
		地弹簧		
		电子门锁		
		其他内门移门（包括门扇、门套及五金）		
五	灯具		230	
		名贵床头阅读灯		
		名贵台灯		
		名贵筒灯		
六	开关面板		120	
		名贵开关面板		
		名贵插座		
七	综合单价		3 625	尾数进位

表 6-12　酒店套房（高档）装饰（不含卫生间）　　　　面积：60m²

序 号	部 位	主要项目名称及说明	单位造价（元 /m²）	备 注
一	地面		675	
		高档地毯		
		高档石材门厅		
		不锈钢分隔条		
二	墙面		1 695	
		高档石材		
		高档木质踢脚线		
		高档墙面木饰面		

（续表）

序 号	部 位	主要项目名称及说明	单位造价（元/m²）	备 注
		艺术玻璃		
		钢化固定玻璃		
		高档墙纸		
		高档木饰面书架柜		
		高档木饰面梳妆台		
		高档木饰面床背板		
		高档木饰面迷你吧		
		高档木饰面衣柜		
三	天花		265	
		铝百叶风口		
		双层石膏板造型吊顶		
		乳胶漆		
四	门		250	
		进户门 （包括门扇、门套及五金）		
		木质单开内门 （包括门扇、门套及五金）		
五	灯具		85	
		高档台灯		
		高档阅读灯		
		高档吊灯		
六	开关面板		55	
		高档开关面板		
		高档开关面板		
七	综合单价		3 025	尾数进位

表 6-13 酒店套房（豪华）装饰（不含卫生间）

面积：65m²

序 号	部 位	主要项目名称及说明	单位造价（元/m²）	备 注
一	地面		1 265	
		手工名贵羊毛地毯		

（续表）

序　号	部　位	主要项目名称及说明	单位造价（元/m²）	备　注
		名贵石材门厅		
		名贵木地板		
		不锈钢分隔条		
二	墙面		2 815	
		名贵石材		
		木质踢脚线		
		墙面名贵木饰面		
		艺术玻璃		
		钢化固定玻璃		
		名贵墙纸		
		不锈钢饰面		
		名贵木饰面书架柜		
		名贵木饰面梳妆台		
		名贵木饰面床背板		
		名贵木饰面迷你吧		
		名贵木饰面衣柜		
三	天花		465	
		局部木饰面吊顶		
		特殊油漆		
		双层石膏板复杂造型吊顶		
		乳胶漆		
四	门		535	
		进户门（包括门扇、门套及五金）		
		木质单开内门（包括门扇、门套及五金）		
五	灯具		690	
		名贵台灯		
		名贵阅读灯		
		名贵床头灯		

（续表）

序　号	部　位	主要项目名称及说明	单位造价（元/m²）	备　注
		名贵吊灯		
六	开关面板		105	
		名贵开关面板		
		名贵开关面板		
七	综合单价		5 875	尾数进位

表 6-14　酒店总统套房（豪华）装饰（不含卫生间）　面积：330m²

序　号	部　位	主要项目名称及说明	单位造价（元/m²）	备　注
一	地面		1 580	
		钢板地坪		
		手工名贵羊毛地毯		
		名贵石材		
		名贵木地板		
二	墙面		4 245	
		名贵石材		
		名贵实木木质踢脚线		
		墙面名贵木饰面		
		艺术玻璃		
		名贵墙纸		
		钢板隔音墙		
		不锈钢饰面		
		名贵木饰面书架柜		
		名贵木饰面梳妆台		
		名贵实木床背板		
		名贵木饰面迷你吧		
		名贵木饰面衣柜		
		名贵实木雕刻背景装饰		
三	天花		565	
		吊顶隔音保温棉		

（续表）

序 号	部 位	主要项目名称及说明	单位造价（元/m²）	备 注
		名贵木饰面吊顶		
		金属板吊顶		
		双层石膏板复杂造型吊顶		
		特殊油漆		
四	门		530	
		木饰面进户门（包括门扇、门套及五金）		
		实木双/单开内门（包括门扇、门套及五金）		
五	灯具		945	
		名贵书桌灯		
		名贵阅读灯		
		名贵床头灯		
		名贵吊灯		
六	开关面板		245	
		名贵开关面板		
		名贵开关面板		
七	综合单价		8 110	尾数进位

表6-15　酒店总统套房（奢华）装饰（不含卫生间）　面积：440 m²

序 号	部 位	主要项目名称及说明	单位造价（元/m²）	备 注
一	地面		1 715	
		钢板地坪		
		顶级手工羊毛地毯		
		顶级豪华石材		
		顶级进口木地板		
		不锈钢分隔条		
二	墙面		6 735	
		顶级石材		

（续表）

序　号	部　位	主要项目名称及说明	单位造价（元/m²）	备　注
		顶级实木木质踢脚线		
		墙面顶级木饰面		
		艺术玻璃		
		顶级墙纸		
		钢板隔音墙		
		不锈钢饰面		
		顶级木饰面书架柜		
		顶级木饰面梳妆台		
		顶级实木床背板		
		顶级木饰面迷你吧		
		顶级木饰面衣柜		
		顶级实木雕刻屏风		
		顶级实木雕刻背景装饰		
三	天花		685	
		吊顶隔音保温棉		
		顶级木饰面吊顶		
		艺术玻璃吊顶		
		不锈钢吊顶		
		双层石膏板复杂造型吊顶		
		特殊油漆		
四	门		820	
		顶级木饰面进户门 （包括门扇、门套及五金）		
		顶级实木双/单开内门 （包括门扇、门套及五金）		
		艺术玻璃单开内门 （包括门扇、门套及五金）		
五	灯具		1 345	
		顶级书桌灯		
		顶级阅读灯		

（续表）

序 号	部 位	主要项目名称及说明	单位造价（元/m²）	备 注
		顶级床头灯		
		顶级吊灯		
六	开关面板		475	
		顶级开关面板		
		顶级开关面板		
七	综合单价		11 775	尾数进位

表 6-16　酒店宴会厅（高档）装饰

面积：580m²

序 号	部 位	主要项目名称及说明	单位造价（元/m²）	备 注
一	地面		805	
		高档羊毛地毯		
		高档石材围边		
		不锈钢分隔条		
二	墙面		1 490	
		局部高档石材		
		不锈钢踢脚线		
		墙面高档木饰面		
		高档墙纸		
		高档木饰面接待台，台面石材		
三	天花		450	
		高档木饰面造型吊顶		
		不锈钢吊顶		
		局部高档石材吊顶		
		双层石膏板造型吊顶		
		特殊金属色油漆		
四	门		755	
		高档木饰面活动隔断（包括合资五金配件）		
		高档木饰面木质双开大内门（包括门扇、门套及五金）		

（续表）

序 号	部 位	主要项目名称及说明	单位造价（元/m²）	备 注
五	灯具		845	
		高档水晶吊灯		
六	开关面板		35	
		高档开关面板		
		高档开关面板		
七	综合单价		4 380	尾数进位

表 6-17 酒店宴会厅（豪华）装饰

面积：880m²

序 号	部 位	主要项目名称及说明	单位造价（元/m²）	备 注
一	地面		1 015	
		手工名贵羊毛地毯		
		名贵石材围边		
		不锈钢分隔条		
二	墙面		2 785	
		局部名贵石材		
		不锈钢踢脚线		
		墙面名贵木饰面		
		名贵墙纸		
		名贵木饰面接待台，台面豪华石材		
		主题背景墙面，豪华石材收边		
三	天花		935	
		名贵木饰面造型吊顶		
		不锈钢吊顶		
		局部豪华石材吊顶		
		双层石膏板复杂造型吊顶		
		特殊金属色油漆		
四	门		1 060	
		名贵木饰面活动隔断（包括进口五金配件）		
		名贵木饰面木质双开大内门（包括门扇、门套及五金）		

（续表）

序 号	部 位	主要项目名称及说明	单位造价（元/m²）	备 注
五	灯具		1 345	
		名贵水晶吊灯		
六	开关面板		55	
		名贵开关面板		
		名贵开关面板		
七	综合单价		7 195	尾数进位

表 6-18　酒店 SPA 装饰　　　　　　　　　　面积：1 124m²

序 号	部 位	主要项目名称及说明	单位造价（元/m²）	备 注
一	地面		1 495	
		名贵石材		
二	墙面		2 500	
		名贵石材		
		墙面名贵木饰面		
		固定钢化玻璃		
		名贵木饰面接待台，台面石材		
三	天花		360	
		双层石膏板复杂造型吊顶		
		特殊油漆		
四	门		355	
		装饰屏风（包括合资五金配件）		
		名贵木饰面木质双开大内门（包括门扇、门套及五金）		
五	灯具		280	
		名贵吊灯		
六	开关面板		145	

（续表）

序　号	部　位	主要项目名称及说明	单位造价（元/m²）	备　注
		名贵开关面板		
		名贵开关面板		
七	综合单价		5 135	尾数进位

表 6-19　酒店健身房装饰

面积：186m²

序　号	部　位	主要项目名称及说明	单位造价（元/m²）	备　注
一	地面		555	
		减震塑胶地板		
二	墙面		1 380	
		名贵墙纸		
		墙面名贵木饰面		
		固定镜面玻璃		
		金属饰面板		
		金属踢脚板		
三	天花		370	
		名贵木饰面吊顶		
		双层石膏板复杂造型吊顶		
		特殊油漆		
四	门		255	
		名贵木饰面木质双开大内门（包括门扇、门套及五金）		
五	灯具		165	
		灯带、筒灯		
六	开关面板		100	
		名贵开关面板		
		名贵开关面板		
七	综合单价		2 825	尾数进位

图6-4 酒店客房

图 6-5　酒店公共区域

第七章　办公建筑

一、办公建筑室内装饰造价概述

办公场所是人们生产活动的重要环境，根据全球知名物业代理公司的经验，办公物业的档次主要受地理位置和办公装饰影响。在房地产开发业曾经有句名言"第一是地段，第二是地段，第三还是地段"。地段直接反映了办公物业的档次，然而办公物业的装饰则间接反映了办公楼的品质。

随着城市交通的不断建设，唯地理位置的传统观念也在发生着变化。以日本东京为例，物业公用设施标准逐渐成为衡量办公物业档次的重要因素。装饰作为物业公用设施的一部分，其装饰档次高低更能直观地反映此办公物业的标准。可以预言，在未来世界，室内环境、数据网络硬件和配套设施将成为衡量物业是否优秀的维度。

在办公装饰中，办公物业分为办公大楼公用部分和租户私用部分。公用部分装饰区域主要是物业开发商装饰的公共大堂、电梯厅、走道和公共卫生间。根据租户租用办公面积的不同，开发商提供的装饰区域也不同，但大堂、卫生间等公共空间装饰必不可少。

二、办公建筑室内装饰功能区域

租户装饰面积从 100 平方米至几万平方米不等，其装饰的功能区域更为丰富。根据最近办公装饰设计的发展，可将装饰区域分为：①纯办公区域，如开放式办公空间、普通办公室、高管办公室等。②会议区域，如网络视频会议室、培训室、普通接待室、内部会议室、高层决策会议室等。③休息娱乐区域，如情绪减压室、阅览室、咖啡吧等。④其他辅助区域，如大堂及前台、文印室、茶水间、餐厅等（图 7-1、图 7-2）。

在建设项目中，除出租办公物业外，自用办公物业涵盖上述所有办公装饰功能，且随着自用办公物业规模的扩大，其装饰区域和功能可扩展到因办公产生的临时住宿、体育场地等。

三、办公建筑室内装饰材料分类

为满足办公环境的需要，办公装饰根据区域功能的不同而选用不同的材料：①办公空间常选用的材料通常为架空地板、地毯、塑胶地板、玻璃隔断、墙纸、乳胶漆、矿棉板、石膏板等。②会议空间选用的材料通常为架空地板、羊毛地毯、吸音板及软包墙面、吸音板或石膏板等。③大堂及前台选用的材料通常为大理石、玻璃、铝板或石膏板等。④茶水间及卫生间选用的材料通常为瓷砖、大理石、防水石膏板等。

四、办公建筑室内装饰造价指标说明

本章的造价指标仅考虑租户装饰办公区域、会议室等，其他办公建筑必备的卫生间、大堂、走道、电梯厅等公共辅助空间在第十章有阐述，餐厅等商业空间在第八章有阐述，本章节就不再赘述。本章的造价指标仅考虑固定面的装饰，不涉及装饰艺术品、活动家具和家电等内容。

五、办公建筑不同功能区域室内装饰造价指标

见表 7-1 ~ 表 7-9。

表 7-1 会议室（普通）装饰　　　　　　　　面积：20m²

序　号	部位 / 分项	主要项目名称及说明	单位造价（元/m²）	备　注
一	地面		175	
		方块地毯		
二	墙面		510	
		织物软包		
		钢化玻璃		
		普通木饰面		
		乳胶漆		
		储藏柜		
三	天花		170	
		双层石膏板吊顶		
		乳胶漆		
四	门		145	
		木饰面贴面实木门 （包括门扇、门套及五金）		
五	灯具		100	
		普通嵌装式节能筒灯		
		普通嵌装式灯带		
六	开关面板		100	
		普通暗装地插座		

（续表）

序　号	部位／分项	主要项目名称及说明	单位造价（元／m²）	备　注
		普通开关		
		普通插座		
七	综合单价		1 200	尾数进位

表 7-2　会议室（高档）装饰

面积：60m²

序　号	部位／分项	主要项目名称及说明	单位造价（元／m²）	备　注
一	地面		600	
		高档方块地毯		
		OA 多功能网络地板		
二	墙面		915	
		织物软包		
		单反射玻璃		
		高档木饰面		
		乳胶漆		
		储藏柜		
三	天花		280	
		局部吸音板		
		双层石膏板造型吊顶		
		乳胶漆		
四	门		255	
		木饰面贴面实木门（包括门扇、门套及五金）		
五	灯具		140	
		高档嵌装式节能筒灯		
		高档嵌装式日光灯		
六	开关面板		155	
		高档暗装地插座		
		高档开关面板		
		高档插座		
七	综合单价		2 345	尾数进位

表 7-3　会议室（豪华）装饰　　　　　面积：60m²

序　号	部位/分项	主要项目名称及说明	单位造价（元/m²）	备　注
一	地面		795	
		名贵方块地毯		
		智能网络地板		
二	墙面		1 500	
		名贵织物软包		
		艺术玻璃		
		名贵木饰面背景		
		特殊油漆		
		名贵木饰面装饰柜		
		活动隔断		
三	天花		550	
		局部透光天花软膜		
		双层石膏板复杂造型吊顶		
		特殊油漆		
四	门		445	
		名贵木饰面贴面实木门（包括门扇、门套及五金）		
五	灯具		305	
		名贵嵌装式节能筒灯		
		名贵嵌装式日光灯		
六	开关面板		175	
		名贵暗装地插座		
		名贵开关面板		
		名贵插座		
七	综合单价		3 770	尾数进位

表 7-4 敞开办公区（普通）装饰

面积：300m²

序 号	部位 / 分项	主要项目名称及说明	单位造价（元 /m²）	备 注
一	地面		380	
		普通方块地毯		
		OA 多功能网络地板		
二	墙面		150	
		乳胶漆		
		混水木踢脚线		
		混水储物柜		
三	天花		145	
		矿棉板吊顶		
四	门			
五	灯具		90	
		普通嵌装式节能筒灯		
		普通嵌装式日光灯灯盘		
六	开关面板		35	
		普通开关		
		普通插座		
		网络插座		
七	综合单价		800	尾数进位

表 7-5 敞开办公区（高档）装饰

面积：600m²

序 号	部位 / 分项	主要项目名称及说明	单位造价（元 /m²）	备 注
一	地面		580	
		高档尼龙地毯		
		智能网络地板		
二	墙面		355	
		乳胶漆		
		局部高档木饰面及木踢脚线		
		装饰玻璃镜面		
三	天花		385	

（续表）

序　号	部位 / 分项	主要项目名称及说明	单位造价（元 /m²）	备　注
		高档矿棉板吊顶		
		局部高档铝板吊顶		
四	门			
五	灯具		145	
		高档嵌装式节能筒灯		
		高档嵌装式日光灯灯盘		
六	开关面板		65	
		高档开关		
		高档插座		
七	综合单价		1 530	尾数进位

表 7-6　独立办公室（高档）装饰

面积：71m²

序　号	部位 / 分项	主要项目名称及说明	单位造价（元 /m²）	备　注
一	地面		650	
		高档尼龙块毯		
		OA 多功能网络地板		
二	墙面		755	
		高档木饰面板		
		高档墙纸		
		成品高柜		
三	天花		325	
		双层石膏板造型吊顶		
		局部高档木饰面板		
		马来漆		
四	门		155	
		高档木饰面贴面实木门 （包括门扇、门套及五金）		
五	灯具		130	
		高档嵌装式节能筒灯		
		高档嵌装式日光灯		

（续表）

序　号	部位／分项	主要项目名称及说明	单位造价（元/m²）	备　注
六	开关面板		30	
		高档开关		
		高档插座		
七	综合单价		2 045	尾数进位

表 7-7　独立办公室（豪华）装饰

面积：125m²

序　号	部位／分项	主要项目名称及说明	单位造价（元/m²）	备　注
一	地面		980	
		名贵实木地板		
二	墙面		1 430	
		名贵墙纸		
		名贵木饰面板背景		
		乳胶漆		
		名贵木饰面木面低柜		
		名贵木饰面博古架		
		名贵木饰面成品衣柜		
三	天花		365	
		穿孔吸音石膏板		
		双层石膏板复杂造型吊顶		
		特殊油漆		
		局部名贵铝板		
四	门		490	
		名贵木饰面贴面实木门（包括门扇、门套及五金）		
五	灯具		265	
		名贵嵌装式节能筒灯		
		名贵嵌装式日光灯		
六	开关面板		80	
		名贵暗装地插座		

（续表）

序　号	部位 / 分项	主要项目名称及说明	单位造价（元 /m²）	备　注
		名贵开关		
		名贵插座		
七	综合单价		3 610	尾数进位

表 7-8　办公休息室（高档）装饰　　　　　　　　　　　面积：35m²

序　号	部位 / 分项	主要项目名称及说明	单位造价（元 /m²）	备　注
一	地面		750	
		高档羊毛手工工艺地毯		
		OA 多功能网络地板		
二	墙面		1 355	
		局部高档石材		
		高档成品木装饰		
		高档木饰面线条		
		高档木饰面成品低柜		
三	天花		415	
		双层石膏板造型吊顶		
		马来漆		
		局部金箔		
四	门		490	
		高档木饰面贴面实木门（包括门扇、门套及五金）		
五	灯具材料		230	
		高档装饰吊灯		
		高档嵌装式节能筒灯		
六	开关面板		35	
		高档开关		
		高档插座		
七	综合单价		3 275	尾数进位

表 7-9 办公休息室（豪华）装饰

面积：110m²

序 号	部位 / 分项	主要项目名称及说明	单位造价（元 /m²）	备 注
一	地面		1 015	
		名贵羊毛手工工艺地毯		
		OA 多功能网络地板		
二	墙面		1 690	
		局部名贵石材		
		名贵成品木装饰		
		木纹石画框		
		名贵木饰面成品低柜		
三	天花		600	
		局部名贵石材收边		
		局部名贵木饰面吊顶		
		双层石膏板复杂造型吊顶		
		马来漆		
四	门		520	
		名贵木饰面贴面实木门 （包括门扇、门套及五金）		
五	灯具材料		635	
		名贵装饰吊灯		
		名贵嵌装式节能筒灯		
六	开关面板		85	
		名贵开关		
		名贵插座		
七	综合单价		4 545	尾数进位

图 7-1 办公建筑接待区和走道

图 7-2　办公建筑办公区与休闲区

第八章 商 业

一、商业建筑室内装饰造价概述

从传统意义上讲，商业建筑应该视为为商品交换而提供的建筑空间。但经过时代变迁，商业建筑已经从传统意义上商品交换的建筑空间演变和扩大为商品交易服务，以及专门为人们提供社交活动的建筑空间。

商品交易的建筑空间如大卖场、专卖店、百货商店、营业厅等。

社交服务交易的建筑空间如餐厅、健身房、卡拉OK、舞厅、酒吧、咖啡吧、茶坊、浴场和SPA、保龄球馆、溜冰场等。

在装饰造价上，为社交服务交易的商业装饰要高于商品交易，其主要原因是在服务交易中不仅需要服务质量，交易空间的环境和氛围也逐渐被人们所看重。这种变化体现了人们在消费观念上的转变：从单纯的看重交易目标扩展到交易的过程和环境。

商业娱乐场所人流量大、破损率高，且需要跟上时代的发展、符合时代的潮流和时尚，因此一般商业装饰的翻新频率较高，大型百货公司为10～15年，餐厅为3～6年，酒吧为2～4年，咖啡吧为4～10年。这些特性决定了投资者在装饰上必须仔细考虑盈利能力和装饰的折旧，同时在使用的装饰材料上大多选择安装简单、便于拆除、有着良好装饰效果但性价比高的材料，如玻璃、不锈钢、墙纸、布艺软包等。

二、餐厅室内装饰造价指标

1. 餐厅的分类

1）根据面向客户对象分类

餐厅根据其面向客户对象的不同，一般可分为：

（1）酒店餐厅。主要是针对酒店内客人服务，根据酒店的等级不同，其装饰档次亦不同。一般五星级酒店的餐厅具有较高的装饰档次。

（2）社会餐厅。根据服务客户对象的不同，划分成不同的装饰档次，高档的餐厅装饰造价亦相当于四、五星级酒店的标准。但其面向的客户流量较大，装饰一般在3～5年需要翻新来挽留老客户并吸引新客户，选择的材料一般注重效果，但没有高星级酒店餐厅的材料高级。在工程实际施工中，餐厅装饰一般不包括后场厨房区域。

2）根据就餐方式分类

餐厅根据就餐方式的不同，可分为：

（1）自助式餐厅。因自助式餐厅将厨房内部分的半成品加工区域设置为开放式空间，即其真正后场装饰的面积会少，因此一般自助式餐厅造价会略高于非自助式餐厅。

（2）非自助式餐厅。传统意义上非自助式餐厅也开始向敞开式餐厅方向发展，如点菜区域、生鲜区域。

3）根据菜品分类

餐厅根据菜品的不同类型，可分为中式餐厅、日式餐厅、东南亚餐厅、法式餐厅、意大利餐厅等。其中，中式餐厅又分为鲁菜、淮扬菜、上海菜、川菜、湘菜、京帮菜等不同菜系的餐厅。

2. 餐厅室内装饰材料选用

1）普通餐厅

地面选用玻化砖，墙面选用乳胶漆，部分装饰隔断如木屏风、普通玻璃，天花采用乳胶漆或黑漆吊顶。

2）豪华餐厅

入口区域考虑酒店气派，多使用大理石。包厢内使用墙纸、木饰面、皮革等软性材料。

3）特色个性化餐厅

根据餐厅的特定主题，选用当地特殊材料进行设计装饰，多使用一些当地特色且不常见的材料装饰，一般材料不会特别昂贵。

3. 餐厅室内装饰造价指标说明

本章造价指标中餐厅装饰工程亦指精装饰工程范围，不包括厨房。但在一些独立或连锁的餐饮业中，其装饰工程包括整个厨房的装饰。

若根据本造价指标来估算社会餐厅，则需要将餐厅前后场面积按常规进行拆分后分别套用指标进行换算。

餐厅估算指标 =［餐厅前场装饰面积 × 本造价指标 + 后场装饰面积 × 厨房区域造价指标（一般为 400 ~ 800 元 /m²）］÷ 餐厅前后场面积之和。

4. 餐厅区域建筑面积及前后场面积的比例

见表 8-1。

表 8-1　餐厅区域建筑面积及前后场面积的比例

序　号	部　位	建筑面积 /m²	占总建筑面积比例 /%
1	宴会厅		
1.1	宴会厅	1 646	61.17
1.2	宴会厅厨房	1 045	38.83
	小计	2 691	100.00

（续表）

序　号	部　位	建筑面积 /m²	占总建筑面积比例 /%
2	全日餐厅		
2.1	全日餐厅	1 451	86.68
2.2	全日餐厅厨房	223	13.32
	小计	1 674	100.00
3	中餐厅		
3.1	中餐厅	2 034	53.23
3.2	中餐厅包房	1 208	31.61
3.3	中餐厅厨房	579	15.15
	小计	3 821	100.00
	合计	8 186	100.00
	前场装修面积	6 339	77.44
	后场装修面积	1 847	22.56

5. 餐厅装饰区域造价指标

见表 8-2 ~ 表 8-7，各类餐厅装饰如图 8-1 所示。

表 8-2　中式餐厅（高档）装饰　　面积：1 158m²

序　号	部位 / 分项	主要项目名称及说明	单位造价（元 /m²）	备　注
一	地面		975	
		高档羊毛地毯		
		高档石材		
		高档木地板		
		不锈钢分隔条		
二	墙面		1 180	
		高档石材		
		木质踢脚线		
		墙面高档木饰面		
		艺术玻璃		
		高档墙纸		
		隔音墙		

序　号	部位/分项	主要项目名称及说明	单位造价（元/m²）	备　注
		高档软包墙面		
		木制壁橱		
		结账台柜		
		电视墙壁龛		
三	天花		445	
		高档木饰面吊顶		
		花格吊顶		
		双层石膏板造型吊顶		
		特殊油漆		
四	门		155	
		木质单开内门（包括门扇、门套及五金）		
		木质双开内门（包括门扇、门套及五金）		
		玻璃单开内门（包括门扇、门套及五金）		
		玻璃双开内门（包括门扇、门套及五金）		
五	灯具材料		270	
		高档装饰吊灯		
		高档装饰筒灯		
六	开关面板	（不包括调光系统）	55	
		高档开关面板		
		高档插座		
七	综合单价		3 080	尾数进位

表 8-3 中式餐厅（豪华）装饰

面积：1 558m²

序 号	部位 / 分项	主要项目名称及说明	单位造价（元 /m²）	备 注
一	地面		1 375	
		名贵实木地板		
		名贵手织地毯		
		名贵马赛克拼花		
		水磨石		
二	墙面		3 620	
		名贵墙布		
		玻璃隔断		
		特种玻璃纤维漆		
		服务台		
		中式名贵实木屏风		
		装饰酒柜		
		吧台		
三	天花		850	
		中式花格吊顶		
		双层石膏板造型吊顶		
		金银箔		
四	门		230	
		名贵木饰面实木门（包括门扇、门套及五金）		
五	灯具材料		400	
		名贵装饰水晶吊灯		
		名贵装饰筒灯		
六	开关面板	（不包括调光系统）	135	
		名贵开关		
		名贵插座		
七	综合单价		6 610	尾数进位

表 8-4　中式餐厅（奢华）- 玻璃幕墙装饰

面积：880m²

序　号	部位 / 分项	主要项目名称及说明	单位造价（元 /m²）	备　注
一	地面		2 065	
		全名贵实木拼花木地板		
		名贵石材		
		升降舞台		
二	墙面		5 720	
		名贵石材		
		不锈钢栏板		
		木栏板		
		不锈钢扶手		
		不锈钢饰面		
		移动隔断		
		艺术玻璃隔墙		
		室内观光幕墙		
		全名贵墙纸		
		玻璃罩		
		L 形服务台		
		名贵木饰面酒柜		
		服务台		
		名贵橱柜		
三	天花		3 380	
		名贵木饰面吊顶		
		异型艺术金属吊顶		
		不锈钢吊顶		
		名贵铝板吊顶		
		乳胶漆 / 金银箔		
四	门		620	
		名贵全钢门（包括门扇、门套及五金）		
五	灯具材料		1 080	

（续表）

序　号	部位 / 分项	主要项目名称及说明	单位造价（元 /m²）	备　注
		名贵装饰水晶吊灯		
		名贵装饰射灯		
六	开关面板	（不包括调光系统）	270	
		全名贵开关面板		
		全名贵插座		
七	综合单价		13 135	尾数进位

表 8-5　西式餐厅（高档）装饰

面积：1 438m²

序　号	部位 / 分项	主要项目名称及说明	单位造价（元 /m²）	备　注
一	地面		965	
		高档羊毛地毯		
		高档石材		
		高档实木木地板		
二	墙面		1 490	
		高档石材		
		清玻璃隔断		
		清玻璃隔断门及五金		
		不锈钢玻璃栏板		
		挡烟垂壁		
三	天花		670	
		双层石膏板造型吊顶		
		乳胶漆		
		高档铝板吊顶		
四	门		190	
		玻璃推拉门 （包括门扇、门套及五金）		
五	灯具材料		320	
		高档吊灯		
		高档日光灯		

（续表）

序 号	部位 / 分项	主要项目名称及说明	单位造价（元 /m²）	备 注
六	开关面板	（仅包括公共区域，如大堂、走道及后勤办公）	55	
		高档开关		
		高档插座		
七	综合单价		3 690	尾数进位

表 8-6　西式餐厅（豪华）装饰

面积：1 870m²

序 号	部位 / 分项	主要项目名称及说明	单位造价（元 /m²）	备 注
一	地面		1 155	
		卵石环氧树脂填料地板		
		名贵木地板		
二	墙面		4 480	
		名贵石材		
		艺术钢化玻璃隔断		
		名贵木饰面餐台		
		酒柜		
三	天花		705	
		名贵金属吊顶		
		混水木条吊顶		
四	门		305	
		玻璃门（包括门扇、门套及五金）		
五	灯具材料		475	
		结构吊灯		
		名贵日光灯		
六	开关面板		140	
		名贵开关		
		名贵插座		
七	综合单价		7 260	尾数进位

表 8-7　西式餐厅（奢华）装饰

面积：1 034m²

序　号	部位 / 分项	主要项目名称及说明	单位造价（元 /m²）	备　注
一	地面		1 620	
		顶级木地板		
		顶级羊毛地毯		
		顶级石材水池		
二	墙面		10 185	
		顶级实木木饰面		
		墙面包铜片		
		顶级石材		
		顶级实木木酒柜		
		自助餐台、进口奢华石材台面及艺术钢化玻璃		
		不锈钢恒温装饰酒柜		
		顶级马赛克主题画		
三	天花		1 765	
		双层石膏板复杂造型吊顶		
		特殊油漆		
		天花局部包铜片及金箔		
四	门		725	
		成品顶级木饰面双开大木门（包括门扇、门套及五金）		
五	灯具材料		1 660	
		顶级装饰吊灯		
六	开关面板		230	
		顶级开关		
		顶级插座		
七	综合单价		16 185	尾数进位

图 8-1　各类餐厅

三、中小型商业室内装饰造价指标

1. 中小型商业室内装饰概述

这部分装饰造价指标主要涉及中小型商业店铺,如咖啡店、专卖店、银行营业厅、汽车 4S 店等(图 8-2)。其主要共同点为面积小、功能区域少、主要核心业务功能突出。

中小型商业是整个社会商业的主流和重要产业，涉及的商业点如花店、古玩店、邮局、足浴店等。这里描述的商业仅沧海一粟，希望读者能够根据不同商业业态的材料举一反三，推演出其他不同的中小型商业类型的室内装饰造价指标。

2.中小型商业不同功能区域室内装饰造价指标

中小型商业不同功能区域室内装饰造价指标如表8-8～表8-15所示。

表8-8　酒店咖啡吧装饰　　　　　　　　　　　　　　　面积：750m²

序　号	部位/分项	主要项目名称及说明	单位造价（元/m²）	备　注
一	地面		1 325	
		名贵石材		
		名贵瓷砖/名贵马赛克		
二	墙面		3 530	
		名贵石材		
		名贵透光石墙面		
		墙面名贵木饰面		
		固定玻璃		
		石材包柱		
		名贵木饰面接待台		
		咖啡吧柜台		
		食品柜		
		沙发		
		收银台		
三	天花		535	
		双层石膏板复杂造型吊顶		
		乳胶漆		
		名贵金属吊顶		
		不锈钢吊顶		
四	门及门五金		145	
		木质单开内门 （包括门扇、门套及五金）		
		木质双开内门 （包括门扇、门套及五金）		
五	灯具		185	

（续表）

序号	部位 / 分项	主要项目名称及说明	单位造价（元 /m²）	备 注
		名贵吊灯		
六	开关面板		120	
		名贵开关		
		名贵插座		
七	综合单价		5 840	尾数进位

表 8-9　专卖店（豪华）装饰

面积：1 500m²

序 号	部位 / 分项	主要项目名称及说明	单位造价（元 /m²）	备 注
一	地面		1 430	
		名贵石材		
		名贵实木贴面复合环保地板		
		名贵手工羊毛地毯		
二	墙面		3 850	
		名贵石材		
		名贵实木木皮贴面饰面		
		名贵实木木皮贴面踢脚线		
		名贵壁纸		
		名贵布艺软包墙面		
		轻钢龙骨双面石膏板隔断		
		墙面特殊金属板		
		嵌墙式装饰柜		
三	天花		615	
		乳胶漆		
		石膏板复杂造型吊顶		
		名贵实木造型吊顶		
		金属造型吊顶		
四	门		545	
		名贵实木木皮贴面门 （包括门扇、门套及五金）		
五	灯具		420	

（续表）

序 号	部位/分项	主要项目名称及说明	单位造价（元/m²）	备 注
		名贵卤素灯		
		名贵装饰吊灯		
六	开关面板		100	
		名贵开关		
		名贵插座		
七	综合单价		6 960	尾数进位

表 8-10　专卖店（奢华）装饰　　　　　　　面积：2 150m²

序 号	部位/分项	主要项目名称及说明	单位造价（元/m²）	备 注
一	地面		3 845	
		顶级石材		
		顶级实木贴面复合环保地板		
		顶级手工羊毛地毯		
二	墙面		9 550	
		顶级石材		
		顶级实木木皮贴面饰面		
		顶级实木木皮贴面踢脚线		
		轻钢龙骨双面石膏板隔断		
		墙面特殊艺术金属板		
		顶级皮质装饰		
		顶级实木成品装饰柜		
三	天花		1 400	
		特殊油漆		
		石膏板复杂造型吊顶		
		顶级实木造型吊顶		
		顶级金属板造型吊顶		
四	门		615	
		顶级实木木皮贴面门 （包括门扇、门套及五金）		
五	灯具		1 880	

（续表）

序　号	部位／分项	主要项目名称及说明	单位造价（元/m²）	备　注
		顶级筒灯		
		顶级装饰吊灯		
六	开关面板		220	
		顶级开关		
		顶级插座		
七	综合单价		17 510	尾数进位

表 8-11　银行营业厅（普通）装饰　　　　面积：1 500m²

序　号	部位／分项	主要项目名称及说明	单位造价（元/m²）	备　注
一	地面		410	
		普通石材		
		普通方块地毯		
		普通 PVC 防静电高架地面		
二	墙面		455	
		墙面木质吸音板		
		普通实木木皮贴面踢脚线		
		壁纸		
		轻钢龙骨双面石膏板隔断		
		防弹玻璃隔断		
		白色烤漆玻璃		
		现金柜台及钢管防护栏		
三	天花		220	
		乳胶漆		
		石膏板造型吊顶		
		矿棉吸音板天花		
四	门		300	
		防盗电动卷闸门		
		防盗联动门		
		实木木皮贴面门（包括门扇、门套及五金）		

（续表）

序　号	部位/分项	主要项目名称及说明	单位造价（元/m²）	备　注
五	灯具		40	
		普通成套型荧光灯具		
		普通嵌入式点光源艺术装饰灯		
		普通荧光灯具安装成套型吸顶式单管		
六	开关面板		35	
		普通开关		
		普通插座		
七	综合单价		1 460	尾数进位

表 8-12　银行营业厅（高档）装饰　　　　　面积：1 500m²

序　号	部位/分项	主要项目名称及说明	单位造价（元/m²）	备　注
一	地面		590	
		高档石材		
		高档方块地毯		
		高档 PVC 防静电高架地面		
二	墙面		865	
		墙面高档木饰面背景墙		
		高档实木木皮贴面踢脚线		
		高档壁纸		
		轻钢龙骨双面石膏板隔断		
		烤漆玻璃背景墙面		
		防弹玻璃隔断		
		白色烤漆玻璃		
		现金柜台及对公柜台		
三	天花		330	
		乳胶漆		
		石膏板造型吊顶		
		高档铝板吊顶		
四	门		485	

（续表）

序　号	部位 / 分项	主要项目名称及说明	单位造价（元 /m²）	备　注
		防盗电动卷闸门		
		防盗联动门		
		高档实木木皮贴面门 （包括门扇、门套及五金）		
五	灯具		105	
		高档成套型荧光灯具		
		高档嵌入式点光源艺术装饰灯		
六	开关面板		55	
		高档开关		
		高档插座		
七	综合单价		2 430	尾数进位

表 8-13　汽车 4S 店前场（普通）装饰

面积：852m²

序　号	部位 / 分项	主要项目名称及说明	单位造价（元 /m²）	备　注
一	地面		180	
		普通复合地板		
		普通抛光玻化砖		
		普通防滑地砖		
二	墙面		360	
		普通玻化砖		
		防火板隔断		
		铝塑板干挂		
		乳胶漆		
		黑金砂石材窗台板		
		金属装饰条		
		不锈钢栏杆扶手		
三	天花		190	
		双层石膏板吊顶		
		乳胶漆		
		半隐框白色针孔矿棉板		

（续表）

序　号	部位/分项	主要项目名称及说明	单位造价（元/m²）	备　注
四	门		225	
		普通木饰面夹板门（包括门扇、门套及五金）		
		钢化玻璃电子感应门		
		全玻地弹簧平开门（包括门扇、门套及五金）		
五	灯具材料		85	
		普通金卤筒灯		
		普通节能筒灯		
		普通格栅灯盘（600mm×600mm）		
六	开关面板		35	
		普通开关		
		普通插座		
		普通铜质地插		
七	综合单价		1 075	尾数进位

表 8-14　汽车 4S 店前场（高档）装饰　　面积：490m²

序　号	部位/分项	主要项目名称及说明	单位造价（元/m²）	备　注
一	地面		335	
		高档实木复合地板		
		高档防滑地砖		
		青石板地面		
二	墙面		615	
		墙面高档铝塑板		
		墙面玻璃隔断		
		主入口铝塑板立面背景		
		乳胶漆		
		石材窗台板		
		金属装饰条		
		不锈钢栏杆扶手		

（续表）

序　号	部位/分项	主要项目名称及说明	单位造价（元/m²）	备　注
三	天花		235	
		双层石膏板吊顶		
		乳胶漆		
		不锈钢玻璃灯箱		
		高档木饰面吊顶		
		矿棉板吊顶		
四	门		425	
		高档木皮贴面夹板门（包括门扇、门套及五金）		
		钢化玻璃电子感应门		
		铝合金地弹门（包括门扇、门套及五金）		
五	灯具材料		120	
		高档金卤筒灯		
		高档节能筒灯		
		灯箱内高档支架灯		
六	开关面板		65	
		高档开关		
		高档插座		
		高档铜质地插		
七	综合单价		1 795	尾数进位

表 8-15　汽车 4S 店前场（豪华）装饰

面积：490m²

序　号	部位/分项	主要项目名称及说明	单位造价（元/m²）	备　注
一	地面		970	
		名贵石材		
		名贵实木地板		
二	墙面		1 305	
		名贵石材		
		墙面名贵木饰面隔断		

（续表）

序 号	部位 / 分项	主要项目名称及说明	单位造价（元 /m²）	备 注
		名贵壁纸		
		名贵石材窗台板		
		玻璃砖		
		不锈钢栏杆扶手		
三	天花		270	
		双层石膏板造型吊顶		
		乳胶漆		
		成品 GRG		
四	门		655	
		名贵木皮贴面夹板门（包括门扇、门套及五金）		
		钢化玻璃电子感应门		
		铝合金地弹门（包括门扇、门套及五金）		
五	灯具材料		280	
		名贵金卤筒灯		
		名贵节能筒灯		
		名贵灯箱内支架灯		
六	开关面板		75	
		名贵开关		
		名贵插座		
		名贵铜质地插		
七	综合单价		3 555	尾数进位

图 8-2　中小型商业

四、大型商场及大卖场室内装饰造价指标

1. 商场及卖场室内装饰概述

商场及卖场作为商业建筑的一种形态，其装饰按投资人可分为开发商与商业零售商。通常意义上，开发商只负责商场及卖场的整体装饰，其范围包括入口、大堂、走道、卫生间和管理办公室的装饰。各独立商户分隔墙装饰、各独立商户内的装饰由其商业零售商负责。

2. 影响室内装饰造价的主要因素

除设计风格、材料选择外，影响其整个装饰造价的因素如下：

1）公共区域的面积

越是高档的商场和卖场，其公共区域面积所占的比例越大，能给客户提供舒适的购物空间，满足人流量的需要。

2）大堂及走道的层高

大堂和走道的层高体现了商场的气派。

3）独立商户的数量

各独立商户之间的隔断造价是由商场分割空间的大小所决定的，分割空间越大，隔断数量越少，则隔断造价费用低。

3. 商场及卖场室内装饰材料选用

商场使用的装饰材料一般为玻化砖、铝板、玻璃、大理石（人造石）、镜面不锈钢等中档材料。

卖场使用的装饰材料一般为瓷砖、乳胶漆等普通装饰材料（图 8-3）。

4. 商场及卖场室内装饰造价指标说明

大卖场项目一般为简易装饰，天花、墙面使用乳胶漆，灯具以白色荧光灯为主，地面使用水泥基地坪漆，层高一般在 5 ~ 8m，在产品展示的同时，兼顾仓库的使用功能。大卖场的室内装饰指标一般为 400 ~ 600 元 /m²。本节指标中仅列出高档商场和豪华商场的指标，且商场的指标为其装饰工程区域（仅包含大堂、公共走道和公共休息区），不包含其租户区域的装饰造价。

5. 商场不同档次室内装饰造价指标

见表 8-16、表 8-17。

表 8-16　商场（高档）装饰

面积：2 000m²

序　号	部位／分项	主要项目名称及说明	单位造价（元/m²）	备　注
一	地面		450	
		高档仿石材砖		
二	墙面		750	
		高档仿石材砖		
		清玻璃隔断		
		不锈钢玻璃栏板		
		挡烟垂壁		
三	天花		280	
		双层石膏板造型吊顶		
		乳胶漆		
四	门		160	
		防火卷帘门 （包括卷帘、电机及附件）		
		防盗卷帘门 （包括卷帘、电机及附件）		
		防火防烟门 （包括门扇、门套及五金）		
		玻璃推拉门 （包括门扇、门套及五金）		
五	灯具材料		150	
		高档灯盘		
		高档日光灯		
六	开关面板		10	仅包括公共区域，如大堂、走道及后勤办公
		高档开关		
		高档插座		
七	综合单价		1 800	尾数进位

表 8-17　商场（豪华）装饰　　　　　　　　面积：4 500m²

序　号	部位 / 分项	主要项目名称及说明	单位造价（元 /m²）	备　注
一	地面		965	
		名贵石材		
二	墙面		1 230	
		名贵石材		
		清玻璃隔断		
		不锈钢玻璃栏板		
		挡烟垂壁		
三	天花		570	
		双层石膏板复杂造型吊顶		
		乳胶漆		
		金属吊顶		
四	门		190	
		防火卷帘门（包括卷帘、电机及附件）		
		防盗卷帘门（包括卷帘、电机及附件）		
		防火防烟门（包括门扇、门套及五金）		
		玻璃推拉门（包括门扇、门套及五金）		
五	灯具材料		320	
		名贵吊灯		
		名贵日光灯		
六	开关面板		20	仅包括公共区域，如大堂、走道及后勤办公
		名贵开关		
		名贵插座		
七	综合单价		3 295	尾数进位

图 8-3　大型商场

第九章 公共建筑

一、公共建筑室内装饰概述

公共建筑是指那些为公众服务的建筑设施。随着时代的发展，我们可根据这些建筑设施划分：一类为公众基本生活服务的建筑设施，如学校、医院、火车站、机场等；另一类为公众特殊需要服务的建筑设施，如教堂、博物馆、体育场馆、剧院及音乐厅、电影院、展览馆、图书馆等。具备了第一类建筑设施的区域可以作为是否为城市的划分标准，而第二类建筑设施则是衡量城市繁荣程度的标准。因此，在第一类建筑设施中的装饰主要是考虑建筑自身的功能，如洁净、敞亮、通透等，其装饰标准相对较低；而第二类建筑在某种程度上反映了城市乃至整个国家的繁荣程度，其有时亦为一个国家的标志建筑和名片，如澳大利亚的悉尼歌剧院、西班牙高迪设计的圣教堂等。第二类建筑设施中的装饰除了考虑特殊功能如隔音、通风、光影等，更多考虑了装饰的风格、艺术美感、色调品位等，其装饰的标准相对较高，反映在某个特殊年代和地域的风格上。

在21世纪发展的今天，第一类建筑设施随着其设计的成熟，也在满足大众生活服务的基础上发生了悄然的变化，因不同层次的需要，出现了不同档次的装饰。如机场贵宾休息室、医院内贵宾病房等，这些在满足人们基本服务要求的基础上，为特殊群体提供了一个特别的高档的环境，满足了个性化的需要，从侧面上也反映了建筑设计中的人性化。

本造价指标将公共建筑这一大类分列为医院、学校、体育场馆和展览馆。

二、医院建筑室内装饰造价指标

1.医院建筑室内装饰造价概述

医院是指以向人提供医疗护理服务为主要目的的医疗机构，是救死扶伤的地方，是极为特殊的公共环境，按市级医院的功能分为普通病房、特需病房、候诊区、诊室、办公室、会议室、餐厅、公共空间（大堂、电梯厅、公共走道、卫生间），以及手术室、治疗室等建筑区域。在建筑装饰区域中，作为特殊目的的普通病房、特需病房、候诊区、诊室和手术室、治疗室的装饰是一般建筑中较少涉及的（图9-1）。

2.医院特殊功能室内造价指标

1）手术室装饰
手术室装饰包括地面、墙面、天花和净化、自控系统，费用如下：

（1）净化手术室：Ⅰ级（百级）净化手术室装饰标准约为 150 万元 / 间，Ⅱ级（千级）净化手术室装饰标准约为 120 万元 / 间，Ⅲ级（万级）净化手术室装饰标准约为 100 万元 / 间，Ⅳ级净化手术室装饰标准约为 60 万元 / 间。

（2）普通手术室：装饰标准约为 40 万元 / 间。

2）净化监护病房（Ⅳ净化）装饰

净化监护病房（Ⅳ净化）装饰包括地面、墙面、天花和净化、自控系统及设备带，装饰标准约为 12 000 元 /m²。

3）中心供应室装饰

中心供应室装饰包括地面、墙面、天花和净化、自控系统，装饰标准约为 4 500 元 /m²。

4）静脉配置中心（Ⅳ净化）装饰

静脉配置中心（Ⅳ净化）装饰包括地面、墙面、天花和净化、自控系统，装饰标准约为 6 000 元 /m²。

5）放射用房装饰

放射用房装饰标准约为 5 000 元 /m²（不包括放射设备）。

6）放疗用房装饰

放疗用房装饰标准约为 12 000 元 /m²（不包括放疗设备）。

3. 医院建筑室内造价指标说明

本造价指标对三级甲等医院的普通病房、特需病房、候诊区、诊室做了主要分析和研究，其他建筑区域（如办公室、会议室、餐厅、公共空间等）装饰指标可分别借鉴其他章节。但需要说明的是，因医院的装饰设计主要考虑其空间功能和满足医院常规运作，有别于其他商业或公共建筑装饰风格，主要以简洁、舒适、防腐蚀、便于清洁的设计为主，其装饰的单方造价比商业或其他公共建筑装饰标准要略偏低，不包括医用仪器和设备、活动家具（办公桌椅、服务台、病床、橱柜）、医用气体系统。

4. 医院建筑不同功能区域室内装饰造价指标

见表 9-1 ~ 表 9-4。

表 9-1　普通病房装饰

面积：20m²

序　号	部位 / 分项	主要项目名称及说明	单位造价（元 /m²）	备　注
一	地面		240	
		普通塑胶洁净地板		
二	墙面		185	
		乳胶漆		
		石材窗台板		
		普通实木木皮贴面踢脚线		

（续表）

序　号	部位/分项	主要项目名称及说明	单位造价（元/m²）	备　注
三	天花		150	
		乳胶漆		
		石膏板造型吊顶		
		窗帘箱		
四	门		90	
		普通木门（包括门扇、门套及五金）		
五	灯具材料		25	
		普通吸顶灯		
六	开关面板		40	
		普通开关		
		普通插座		
七	综合单价		730	尾数进位

表9-2　特需病房装饰

面积：30m²

序　号	部位/分项	主要项目名称及说明	单位造价（元/m²）	备　注
一	地面		480	
		高档塑胶洁净地板		
二	墙面		840	
		高档墙纸		
		高档石材窗台板		
		高档实木木皮贴面踢脚线		
		高档木贴面固定柜		
三	天花		250	
		乳胶漆		
		石膏板造型吊顶		
		窗帘箱		
四	门		100	
		高档木门（包括门扇、门套及五金）		
五	灯具材料		50	

（续表）

序　号	部位 / 分项	主要项目名称及说明	单位造价（元 /m²）	备　注
		高档吸顶灯		
		高档壁灯		
六	开关面板		55	
		高档开关		
		高档插座		
七	综合单价		1 775	尾数进位

表 9-3　候诊区装饰

面积：45m²

序　号	部位 / 分项	主要项目名称及说明	单位造价（元 /m²）	备　注
一	地面		345	
		普通玻化砖		
二	墙面		305	
		防火板		
		乳胶漆		
		钢化玻璃		
		不锈钢装饰条		
		不锈钢踢脚线		
三	天花		220	
		石膏板吊顶		
		乳胶漆		
		普通氟碳喷涂铝板吊顶		
四	门		115	
		木门（包括门扇、门套及五金）		
五	灯具材料		170	
		普通格栅灯		
		普通筒灯		
六	开关面板		10	
		普通开关		
		普通插座		
七	综合单价		1 165	尾数进位

表 9-4　诊室装饰

面积：11m²

序　号	部位/分项	主要项目名称及说明	单位造价（元/m²）	备　注
一	地面		240	
		普通塑胶洁净地板		
二	墙面		225	
		乳胶漆		
		普通实木木皮贴面踢脚线		
三	天花		135	
		石膏板吊顶		
		乳胶漆		
四	门		330	
		木门（包括门扇、门套及五金）		
五	灯具材料		65	
		普通格栅灯		
六	开关面板		40	
		普通开关		
		普通插座		
七	综合单价		1 035	尾数进位

（a）手术室通廊

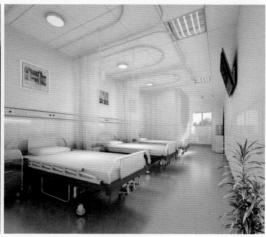

（b）手术室

（c）病房通廊

（d）病房

（e）候诊区

（f）诊室

（g）公共走道

图9-1 医院内部分装饰区域

三、学校建筑室内装饰造价指标

1. 学校建筑室内造价指标概述

学校是一个培养人才的特殊社会组织。学校的建筑主要是"传道、授业、解惑"的地方。按现代学校的功能,可分为教学楼、实验楼、行政楼、宿舍楼、图书馆、食堂及体育场馆等建筑区域。在建筑区域中,作为特殊目的的学校建筑,其教室、多媒体教室、阶梯教室、实验室、阅览室、报告厅装饰是一般建筑中较少涉及的。

2. 学校建筑室内造价指标说明

本造价指标对教室、多媒体教室、阶梯教室、实验室、阅览室、报告厅做了主要分析和研究,其他学校建筑区域,如办公室、会议室、餐厅、体育场馆、公共空间等装饰造价指标可分别借鉴其他章节。但需要说明的是,因学校的装饰设计主要考虑其空间功能和适合学校氛围,有别于其他商业或公共建筑装饰风格,主要以简洁、简单和明亮的设计为主,其装饰的单方造价比商业或公共建筑的同类区域装饰中普通标准略低,不包括活动讲台、桌椅、书架、橱柜、窗帘和固定座椅、黑板,以及教学、实验、扩音、投影用仪器、设备和多媒体电脑、计算机网络系统、图文信息检索系统、同声传译系统。其中需要特别说明的是,阶梯教室的阶梯由结构施工完成,此部分造价不包含在本装修指标内。

3. 学校建筑室内装饰材料选用

在教室、多媒体教室、阶梯教室、实验室、阅览室、报告厅的装饰设计中,经常使用的装饰材料为:①地面,主要为地砖、塑胶洁净地板、防静电地板、地毯。②墙面,主要为乳胶漆,有隔音要求的采用吸音板。③天花,主要为石膏板、矿棉板、防潮矿棉板、金属板(图9-2)。

4. 学校建筑不同功能区域室内装饰造价指标

见表9-5~表9-10。

表9-5　教室装饰

面积:75m^2

序　号	部位/分项	主要项目名称及说明	单位造价(元/m^2)	备　注
一	地面		225	
		普通PVC地板		
二	墙面		95	
		乳胶漆		
		PVC踢脚线		
三	天花		185	

（续表）

序 号	部位/分项	主要项目名称及说明	单位造价（元/m²）	备 注
		普通矿棉板吊顶		
		窗帘箱		
		乳胶漆		
四	门		65	
		木门（包括门扇、门套及五金）		
五	灯具材料		65	
		普通格栅灯		
		普通筒灯		
六	开关面板		15	
		普通开关		
		普通插座		
七	综合单价		650	尾数进位

表 9-6　多媒体教室（无阶梯）装饰　　　　　　　　　　　面积：163m²

序 号	部位/分项	主要项目名称及说明	单位造价（元/m²）	备 注
一	地面		300	
		防静电地板		
二	墙面		85	
		乳胶漆		
		木踢脚线		
三	天花		180	
		矿棉板吊顶		
		窗帘箱		
		乳胶漆		
四	门		60	
		木门（包括门扇、门套及五金）		
五	灯具材料		80	
		普通格栅灯		
		普通筒灯		
六	开关面板		20	

（续表）

序　号	部位 / 分项	主要项目名称及说明	单位造价（元 /m²）	备　注
		普通开关		
		普通插座		
七	综合单价		725	尾数进位

表 9-7　阶梯教室装饰

面积：342m²

序　号	部位 / 分项	主要项目名称及说明	单位造价（元 /m²）	备　注
一	地面		345	
		普通 PVC 地板		
		普通实木复合地板讲台		
二	墙面		425	
		轻钢龙骨		
		吸音板墙面		
		单面石膏板墙面		
		乳胶漆		
		普通墙纸		
		不锈钢线条		
		不锈钢踢脚线		
三	天花		160	
		双层石膏板造型吊顶		
		窗帘箱		
		乳胶漆		
四	门		30	
		木门（包括门扇、门套及五金）		
五	灯具材料		35	
		普通格栅灯		
		普通筒灯		
六	开关面板		10	
		普通开关		
		普通插座		
七	综合单价		1 005	尾数进位

表 9-8　实验室装饰

面积：80m²

序　号	部位 / 分项	主要项目名称及说明	单位造价（元 /m²）	备　注
一	地面		255	
		普通 PVC 地板		
二	墙面		90	
		乳胶漆		
		PVC 踢脚线		
三	天花		200	
		防潮矿棉板吊顶		
		窗帘箱及乳胶漆		
四	门		60	
		木门（包括门扇、门套及五金）		
五	灯具材料		60	
		普通格栅灯		
		普通筒灯		
六	开关面板		20	
		普通开关		
		普通插座		
七	综合单价		685	尾数进位

表 9-9　阅览室装饰

面积：431m²

序　号	部位 / 分项	主要项目名称及说明	单位造价（元 /m²）	备　注
一	地面		400	
		高档地毯		
二	墙面		180	
		吸音板		
		乳胶漆		
		高档实木踢脚线		
三	天花		255	
		防潮矿棉板吊顶		
		窗帘箱		

（续表）

序　号	部位/分项	主要项目名称及说明	单位造价（元/m²）	备　注
		乳胶漆		
四	门		55	
		木门（包括门扇、门套及五金）		
五	灯具材料		85	
		高档格栅灯		
		高档筒灯		
六	开关面板		15	
		高档开关		
		高档插座		
七	综合单价		990	尾数进位

表 9-10　报告厅装饰

面积：224m²

序　号	部位/分项	主要项目名称及说明	单位造价（元/m²）	备　注
一	地面		590	
		高档地毯		
		枫木地板舞台		
二	墙面		1 145	
		高档木饰面吸音板		
		阻燃木丝吸音板		
		墙面造型		
		高档实木踢脚线		
三	天花		375	
		造型石膏板造型吊顶		
		乳胶漆		
		防火石膏板粘贴矿棉板		
		高档金属吊顶		
四	门		55	
		木门（包括门扇、门套及五金）		
五	灯具材料		75	

（续表）

序　号	部位 / 分项	主要项目名称及说明	单位造价（元 /m²）	备　注
		高档格栅灯		
		高档筒灯		
六	开关面板		25	
		高档开关		
		高档插座		
七	综合单价		2 265	尾数进位

（a）多媒体教室　　　　　　　　　　（b）计算机教室

（c）教室　　　　　　　（d）阅览室　　　　　　　（e）实验室

（f）大报告厅

图 9-2　学校

四、体育建筑室内装饰造价指标

1. 体育建筑室内装饰概述

体育场馆是进行运动训练、运动竞赛及身体锻炼的专业性场所。它是为了满足运动训练、运动竞赛及大众体育消费需要而专门修建的各类运动场所的总称。体育场馆主要包括对社会公众开放并提供各类服务的体育场、体育馆、游泳馆，体育教学训练所需的田径棚、风雨操场、运动场及其他各类室内外场地，群众体育健身娱乐休闲活动所需的体育俱乐部、健身房、体操房和其他简易的健身娱乐场地等（图9-3）。

2. 室内体育馆

1）体育馆的分类

体育馆是室内进行体育比赛和运动的场所。体育馆按使用性质可分为比赛馆和练习馆两类。按体育项目可分为篮球馆、冰球馆、田径馆等。按体育规模可分为大、中、小型，一般按观众席位多少划分，甲级6 000座以上、乙级4 000～6 000座、丙级2 000～4 000座、丁级2 000座以下。在中国一般把观众席超过8 000座的称为大型体育馆，少于3 000座的称为小型体育馆，介于两者之间的称为中型体育馆。

2）体育馆的设计

体育馆的地面、空间高度、光照度、温度、通风、音响等，均应符合该项比赛竞赛规则的要求，四周设置梯形看台。基层体育馆一般按篮球比赛场地要求设置，也可进行其他项目的训练或比赛，四周也可设看台。学校还可以修建具有体育馆、电影场、会场等多功能的综合馆。

体育场馆因同时要满足观众和运动员的不同需要，所以不仅对空调要求较高，而且还要有降低室内噪声的措施和很好的音响声学效果，因而在室内装饰设计时要充分考虑以上各种因素以满足使用功能的需要。

高标准的综合体育馆内设置包厢，装饰单价中不包括活动看台、看台座椅、主席台、包厢沙发和吧台、体育运动器械和设备，以及扩音设备、显示屏。

3）体育馆装饰材料

在体育馆装饰设计中，为满足隔音要求，经常使用的装饰材料为：①地面，多为专业PVC运动地板、专业运动木地板和环氧树脂、磐多磨看台地坪。②墙面，多为乳胶漆、吸音板。③天花，多半为全金属板体系归入屋面。

3. 游泳馆（池）

1）游泳馆（池）的分类

游泳馆（池）是主要用于进行游泳、跳水、水球等水上运动的体育建筑，按功能可分为四种：①比赛馆：作为游泳、水球、跳水等项目竞赛和表演之用，设有看台，平时也作为训练之用。②训练馆：专供运动员训练用，有游泳和跳水设备，只设少量观摩席，不设看台。③室内公共游泳池：供公众锻炼、游泳、休息、医疗用，布置比较灵活。

④家庭游泳池：面积不应小于 25m²。

2）游泳馆（池）的设计

游泳馆（池）可单独建造，也可与其他体育设施共同组成综合体育中心，或附建于学校、酒店、公园等处。游泳池有比赛池、练习池、跳水池、水球池、综合池、儿童池、海浪池等，还有跳水、比赛、水球合用的综合池。比赛池的国际标准尺寸为长 50m、宽不小于 21m、水深 1.8m 以上，池内设 8 条泳道，并装设出发台、自动计时器、浮标、道绳和观察窗等。跳水池的尺寸取决于跳台类型，跳台高有 3m、5m 和 10m 三种，水深取决于跳台、跳板的高度。比赛馆的看台一般布置在比赛池和跳水池的一侧或两侧。

3）游泳馆装饰材料

在游泳馆装饰设计中，经常使用的装饰材料为：①地面，多为防滑地砖、泳池专用砖、环氧树脂和磐多磨看台地坪。②墙面，多为墙面砖、防潮乳胶漆、吸音板、防水涂料。③天花，多半为全金属板体系，但在造价指标中归入建筑屋面指标。装饰单价中不包括看台座椅、主席台、水循环处理设备、锅炉、扩音设备、触摸板、显示屏。

4. 体育建筑不同功能区域室内装饰造价指标

见表 9-11 ～ 表 9-16。

表 9-11　体育馆无看台装饰　　　　　　　面积：2 119m²

序　号	部位 / 分项	主要项目名称及说明	单位造价（元 /m²）	备　注
一	地面		320	
		专业 PVC 运动地板		
二	墙面		30	
		乳胶漆		
		玻化砖踢脚线		
		防护栏杆		
三	天花			
		全金属板体系归入屋面		
四	门		3	
		木门（包括门扇、门套及五金）		
五	灯具材料		142	
		普通金卤灯		
		普通碘钨灯		
		普通一体化灯		
六	开关面板		1.5	

（续表）

序　号	部位／分项	主要项目名称及说明	单位造价（元／m²）	备　注
		普通开关		
		普通插座		
七	综合单价		497	尾数进位

表 9-12　综合体育馆有看台（高档）装饰

序　号	部位／分项	主要项目名称及说明	单位造价（元／m²）	备　注
一	地面		375	
		专业运动木地板		
		耐磨环氧漆看台地坪		
		地面标线		
二	墙面		560	
		轻钢龙骨		
		高档木丝吸音板		
		乳胶漆		
		高档木踢脚线		
		防护栏杆		
三	天花			
		全金属板体系归入屋面		
四	门		20	
		木门（包括门扇、门套及五金）		
		玻璃门（包括门扇、门套及五金）		
五	灯具材料		450	
		高档金卤灯		
		高档碘钨灯		
		高档一体化灯		
六	开关面板		15	
		高档开关		
		高档插座		
七	综合单价		1 420	尾数进位

注：面积，3 214m²；场地，2 085m²；观众席，2 500 座。

表 9-13 综合体育馆有看台（豪华）装饰

序 号	部位/分项	主要项目名称及说明	单位造价（元/m²）	备 注
一	地面		650	
		专业运动木地板		
		环氧树脂看台地坪		
		玻化砖地坪（包厢）		
		地面标线		
二	墙面		610	
		轻钢龙骨		
		水泥纤维板		
		乳胶漆		
		无框玻璃隔断（包厢）		
		名贵玻化砖墙面（包厢）		
		不锈钢踢脚线		
		全玻不锈钢栏杆		
三	天花		20	
		全金属板体系归入屋面		
		双层石膏板吊顶（包厢）		
		双层防潮石膏板吊顶（包厢）		
四	门		25	
		木门（包括门扇、门套及五金）		
五	灯具材料		560	
		名贵金卤灯		
		名贵卤钨灯		
六	开关面板		15	
		名贵开关		
		名贵插座		
七	综合单价		1 880	尾数进位

注：面积，12 401m²；场地，4 171m²；观众席，18 000 座。

表 9-14　游泳馆无看台装饰

序　号	部位 / 分项	主要项目名称及说明	单位造价（元 /m²）	备　注
一	地面		385	
		普通防滑地砖		
		普通泳池专用砖		
		防水及保温		
		溢水沟盖板		
		出发台		
		防滑条		
		池底标线		
二	墙面		125	
		普通墙面砖		
		防潮乳胶漆		
		普通地砖踢脚线		
		栏杆扶手		
三	天花			
		全金属板体系归入屋面		
四	门		5	
		木门（包括门扇、门套及五金）		
五	灯具材料		15	
		普通金卤灯		
		普通碘钨灯		
		普通一体化灯		
六	开关面板		5	
		普通开关		
		普通插座		
七	综合单价		535	尾数进位

注：面积，1 399m²；泳池，25m×25m。

表 9-15 游泳馆有看台（国内赛事）装饰

序 号	部位 / 分项	主要项目名称及说明	单位造价（元 /m²）	备 注
一	地面		590	
		高档防滑地砖		
		高档泳池专用砖		
		防水及保温		
		防滑条		
		池底标线		
		高档环氧树脂看台		
二	墙面		820	
		轻钢龙骨		
		高档木吸音板		
		造型墙面		
		高档地砖踢脚线		
		栏杆扶手		
三	天花			
		全金属板体系归入屋面		
四	门		15	
		木门 （包括门扇、门套及五金）		
		玻璃门 （包括门扇、门套及五金）		
五	灯具材料		120	
		高档金卤灯		
		高档碘钨灯		
		高档一体化灯		
六	开关面板		5	
		高档开关		
		高档插座		
七	综合单价		1 550	尾数进位

注：面积，2 268m²；泳池，25m×50m；观众席，800 座。

表 9-16　游泳馆有看台（国际赛事）装饰

序　号	部位 / 分项	主要项目名称及说明	单位造价（元 /m²）	备　注
一	地面		960	
		高档泳池专用砖		
		防水及保温		
		溢水沟盖板		
		出发台		
		防滑条		
		池底标线		
		高档磐多磨看台地坪		
二	墙面		170	(不包括外墙) 玻璃幕墙
		水泥基防水涂料		
		不锈钢踢脚线		
		高档栏杆扶手		
三	天花			
		全金属板体系归入屋面		
四	门		20	
		木门（包括门扇、门套及五金）		
五	灯具材料		75	
		高档金卤灯		
		高档卤钨灯		
六	开关面板		5	
		高档开关		
		高档插座		
七	综合单价		1 230	尾数进位

注：面积，7 087m²；泳池，25m×50m；观众席，5 000 座。

图9-3　体育馆和游泳馆

五、展览馆建筑室内装饰造价指标

1. 展览馆建筑室内装饰概述

展览馆是作为展出临时陈列品之用的公共建筑，一般建筑层数为单层，高 10 ~ 25m。根据所展示的内容不同，分综合性展览馆和专业性展览馆两类。其中，专业性展览馆又可分为工业、农业、贸易、交通、科学技术、文化艺术等不同类型的展览馆。

展览馆最早是 18 世纪中叶在英国出现的。最早的大型展览馆是 1851 年建造的伦敦水晶宫。展览馆一般由展示部分、观众服务部分、管理部分和展品贮存加工部分组成，有的展览馆还设有信息交流、咨询服务、贸易洽谈、视听演示等用房。

2. 展览馆建筑室内装饰造价指标说明

展示厅是展览馆建筑的中心，所以需要有一定的空间、良好的朝向及采光条件，以避免阳光直射展品。现代大型展览馆的展示厅主要采用人工照明，照明方式要与展示方式统一考虑，使得展品的照明光色成分更接近自然光，同时对珍贵展品也要有特殊的安全保卫措施和周密的消防措施。这就要求展示厅更方便与交通枢纽（门厅、过厅、休息室、楼梯、电梯等）之间的联系，因而造成展示厅的装饰不同于一般建筑。其他用房（如门厅、过厅、休息室、办公室、卫生间等）的装饰指标可分别借鉴其他章节。

3. 展览馆建筑室内装饰材料选用

由于展示厅的布局形式一般按照展示内容确定，所以展示厅的装饰设计通常较简单。不同于商业或其他的公共建筑，其经常使用的装饰材料为：

（1）地面，有筋细石混凝土、环氧自流平、设备沟钢盖板。

（2）墙面，多半为全玻璃和金属板幕墙体系，此造价费用一般归入外立面指标。

（3）天花为石膏板、铝格栅。单层建筑多半为全金属板体系（含防水和保温系统）归入屋面，所以单层建筑大空间的展示厅装饰（含天花装饰）的单方价格通常在 250 ~ 350 元 /m²，不包括专项的展示橱柜、展示设备和特殊要求照明（图 9-4）。

4. 展览馆建筑展示厅室内装饰造价指标

展览馆建筑展示厅室内装饰造价指标（含天花装饰）见表 9-17。

表 9–17　展示厅装饰

面积：3 987m²

序　号	部位 / 分项	主要项目名称及说明	单位造价（元 /m²）	备　注
一	地面		165	
		环氧自流平		
二	墙面		200	
		全玻璃和金属板幕墙体系归入外立面		
		钢龙骨 GRC 造型柱		
三	天花		315	
		石膏板造型吊顶		
		普通铝格栅吊顶		
		灯槽		
		窗帘箱		
		乳胶漆		
		专用黑色涂料		
四	门			
		木门（包括门扇、门套及五金）		
五	灯具材料		70	
		普通金卤灯		
		普通金卤筒灯		
六	开关面板			
		普通开关		
		普通插座		
七	综合单价		750	尾数进位

图 9-4 展览馆

第十章　辅助空间

一、卫生间室内装饰造价指标

1. 卫生间室内装饰概述

本节造价指标中，卫生间装饰包括地面装饰、墙面装饰、天花装饰，以及卫生间门、灯具、开关及插座的面板。此外，还包括洗手台面、镜箱等固定装置和卫生间内小五金（如厕纸盒、毛巾竿、拉手），以及卫生洁具与龙头。但不包括卫生间内机电设备、管线，以及活动家具、窗帘和艺术品等活动装置。

2. 卫生间种类

本指标按使用功能上的不同，将卫生间分为两类：居住卫生间和公共卫生间。

1）居住卫生间

居住卫生间在设计上，不仅要满足排泄、洗刷和装扮，同时还要满足洗涤和清洁的要求。居住卫生间设计空间区域可分为大小便区域、洗手及化妆区域、沐浴区域和更衣区域。居住卫生间亦可根据建筑不同类型，分为不同档次：①普通卫生间如普通住宅、二三星级酒店、经济型酒店等中的卫生间。②豪华卫生间如高级住宅、高级别墅、五星级酒店公寓和五星级酒店等中的卫生间。

2）公共卫生间

公共卫生间设计要满足排泄、洗刷和装扮的要求。公共卫生间设计空间区域可分为大小便区域、洗手及化妆区域。公共卫生间根据建筑的不同类型，可分为不同档次：①普通卫生间，如学校、普通餐厅、商场、公共场所（火车站、航站楼等）等中的卫生间；②豪华卫生间，如酒店、高级餐厅、高级商场、高级娱乐场所（会所、KTV 等）、高级公共建筑（音乐厅、航站楼贵宾区、歌剧场等）等中的卫生间（图 10-1）。

3. 卫生间设计的风格和标准

1）基本特征

卫生间装饰设计的基本特性为：清洁、防潮、防水、人性化。

2）常用材料

在设计过程中，根据这些装饰特性，卫生间装饰经常使用的材料种类为瓷砖、马赛克、大理石、玻璃、石膏板、铝扣板等装饰材料。普通卫生间多采用瓷砖和普通马赛克，隔断采用玻璃或合成树脂厕所隔板；豪华卫生间多采用大理石和高级马赛克，隔断采用大理石或造型玻璃，在灯具和小五金的选择上的标准更是远高于普通卫生间。

3）卫生间装饰风格和标准

见表 10-1 ~ 表 10-6。

表 10-1 居住卫生间（普通）

序 号	项 目		说 明
一	概况	装饰风格	现代
		装饰色调	中性
		设计	国内
		装饰面积	4m²
		吊顶高度	2.4m
		墙体形式	混凝土外墙及铝窗
		装饰档次	普通
二	地面标准		地面采用合资地砖
三	墙面标准		墙面采用合资墙砖。其中洗手台柜采用成套聚酯台面柜连镜箱和内置灯具
四	天花标准		天花采用防潮单层石膏板方形造型吊顶，乳胶漆面层
五	天花标准		模压门，合资五金门锁
六	灯饰标准		在吊顶中央安装国产浴霸
七	面板标准		合资成套开关及插座面板
八	卫浴小五金		采用国产镀铬五金
九	卫生洁具及五金		采用国产卫生洁具及五金

表 10-2 居住卫生间（高档）

序 号	项 目		说 明
一	概况	装饰风格	现代
		装饰色调	中性偏冷
		设计	境外设计
		装饰面积	20m²
		吊顶高度	2.6m

（续表）

序　号	项　目		说　明
一	概况	墙体形式	玻璃幕墙及砖墙
		装饰档次	高档
二	地面标准		地面采用仿石材砖／人造石
三	墙面标准		墙面采用仿石材／人造石，固定装置包括洗手台柜、镜箱等。其中洗手台柜柜身采用高档人造石
四	天花标准		天花采用防潮双层石膏板方形局部造型吊顶，乳胶漆面层
五	门标准		成品豪华木饰面实木木门
六	灯饰标准		在方形造型吊顶中央采用高档装饰吊灯，其他吊顶采用高档防水筒灯及灯带
七	面板标准		高档成套开关及插座面板
八	卫浴小五金		采用合资高级不锈钢五金
九	卫生洁具及五金		采用国际品牌国内生产的卫生洁具及五金

表 10-3　居住卫生间（豪华）

序　号	项　目		说　明
一	概况	装饰风格	现代
		装饰色调	中性偏冷
		设计	境外设计
		装饰面积	$20m^2$
		吊顶高度	2.8m
		墙体形式	玻璃幕墙及砖墙
		装饰档次	豪华
二	地面标准		地面采用进口灰色大理石，以及黑色和米色人造石
三	墙面标准		墙面采用大理石，固定装置包括洗手台柜、镜箱等。其中洗手台柜柜身采用豪华木饰面，面层用进口人造石
四	天花标准		天花采用防潮双层石膏板方形造型吊顶，乳胶漆面层

（续表）

序号	项目	说明
五	门标准	成品豪华木饰面实木木门
六	灯饰标准	在方形造型吊顶中央采用进口装饰吊灯，其他吊顶采用进口防水筒灯及灯带
七	面板标准	进口成套开关及插座面板
八	卫浴小五金	采用进口原产高级不锈钢五金
九	卫生洁具及五金	采用进口原产卫生洁具及五金

表 10-4　公共卫生间（普通）

序号	项目		说明
一	概况	装饰风格	现代
		装饰色调	中性
		设计	国内
		装饰面积	35m²
		吊顶高度	2.4m
		墙体形式	砖墙及铝窗
		装饰档次	普通
二	地面标准		地面采用合资防滑地砖
三	墙面标准		墙面采用合资墙砖。其中洗手台柜采用花岗岩台面，树脂合成板隔断、普通镜面玻璃
四	天花标准		天花采用合资铝合金轻钢龙骨吊顶
五	门标准		普通木饰面实木木门，合资五金门锁
六	灯饰标准		采用合资灯具
七	面板标准		合资成套开关及插座面板
八	卫浴小五金		采用普通合资卫浴小五金
九	卫生洁具及五金		采用国产卫生洁具及五金

表 10-5 公共卫生间（高档）

序 号	项 目		说 明
一	概况	装饰风格	现代简约
		装饰色调	冷色
		设计	国外设计
		装饰面积	35m^2
		吊顶高度	2.6m
		墙体形式	幕墙及砖墙
		装饰档次	高档
二	地面标准		地面采用仿石材砖/高档人造石
三	墙面标准		墙面采用石材砖/高档人造石，固定装置包括洗手台柜、防雾镜、大理石隔断等。其中洗手台柜柜身采用高档人造石
四	天花标准		天花采用防潮双层石膏板方形局部造型吊顶，乳胶漆面层
五	门标准		成品豪华木饰面实木木门，高度 2.6m
六	灯饰标准		在方形造型吊顶中央采用高档装饰吊灯，其他吊顶采用高档防水筒灯及灯带
七	面板标准		高档成套开关及插座面板
八	卫浴小五金		采用高档合资不锈钢五金，包括拉手、纸巾箱、厕纸盒等
九	卫生洁具及五金		采用国际品牌国内生产的卫生洁具及五金

图 10-6 公共卫生间（豪华）

序 号	项 目		说 明
一	概况	装饰风格	现代简约
		装饰色调	冷色
		设计	国外设计
		装饰面积	35m^2
		吊顶高度	2.8m

（续表）

序　号	项　目		说　明
一	概况	墙体形式	玻璃幕墙及砖墙
		装饰档次	豪华
二	地面标准		地面采用豪华石材，以及国产黑色大理石镶边
三	墙面标准		墙面采用豪华石材，固定装置包括洗手台柜、防雾镜、大理石隔断等。其中洗手台柜柜身采用豪华木饰面，面层用进口人造石
四	天花标准		天花采用防潮双层石膏板方形造型吊顶，乳胶漆面层，以及进口成品金属吊顶
五	门标准		成品豪华木饰面实木木门，高度2.8m
六	灯饰标准		在方形造型吊顶中央采用进口装饰吊灯，其他吊顶采用进口防水筒灯及灯带
七	面板标准		进口成套开关及插座面板
八	卫浴小五金		采用进口原产不锈钢五金，包括拉手、纸巾箱、厕纸盒等
九	卫生洁具及五金		采用进口原产卫生洁具及五金

4. 辅助空间卫生间室内装饰造价指标

辅助空间卫生间室内装饰造价指标见表10-7～表10-12。

表10-7　居住卫生间（普通）装饰

面积：4m²

序　号	部位/分项	主要项目名称及说明	单位造价（元/m²）	备　注
一	地面		210	
		普通地砖		
二	墙面		1 465	
		普通墙砖		
		整体淋浴房		
		整体洗手台面柜连镜箱，包括镜灯		
三	天花		155	
		单层防潮石膏板平顶		

（续表）

序　号	部位/分项	主要项目名称及说明	单位造价（元/m²）	备　注
		合资乳胶漆		
四	门		300	
		模压门（包括门扇、门套及五金）		
五	灯具材料		145	
		浴霸，包括卤素灯		
六	开关面板		30	
		普通开关		
		普通插座		
七	卫浴小五金		175	
		普通厕纸架		
		普通拉手		
		普通毛巾杆		
八	卫生洁具及五金		500	
		普通台盆及龙头		
		普通坐便器		
		普通淋浴龙头		
九	综合单价		2 980	尾数进位

表 10-8　居住卫生间（高档）装饰

面积：8m²

序　号	部位/分项	主要项目名称及说明	单位造价（元/m²）	备　注
一	地面		980	
		高档人造石		
二	墙面		2 660	
		高档进口人造石		
		钢化玻璃淋浴房		
		洗手台面		

（续表）

序 号	部位/分项	主要项目名称及说明	单位造价（元/m²）	备 注
		高档木饰面挂墙柜		
		镜箱		
三	天花		180	
		双层防潮石膏板造型吊顶		
		合资乳胶漆		
四	门		550	
		木门（包括门扇、门套及五金）		
五	灯具材料		535	
		高档装饰吊灯		
		高档防水筒灯		
		高档灯带		
六	开关面板		80	
		高档开关		
		高档插座		
七	卫浴小五金		215	
		高档厕纸架		
		高档拉手		
		高档毛巾杆		
八	卫生洁具及五金		1 000	
		高档台盆及龙头		
		高档坐便器		
		高档浴缸及龙头		
		高档淋浴龙头		
九	综合单价		6 200	尾数进位

表 10-9　居住卫生间（豪华）装饰　　　　面积：20m²

序　号	部位 / 分项	主要项目名称及说明	单位造价（元 /m²）	备　注
一	地面		1 195	
		名贵石材		
		名贵人造石		
二	墙面		4 025	
		名贵石材		
		名贵人造石		
		钢化玻璃淋浴房		
		名贵人造石洗手台面		
		木饰面挂墙柜		
		镜箱		
三	天花		300	
		双层防潮石膏板复杂造型吊顶		
		合资乳胶漆		
四	门		1 150	
		木门（包括门扇、门套及五金）		
五	灯具材料		840	
		名贵装饰吊灯		
		名贵防水筒灯		
		名贵灯带		
六	开关面板		165	
		名贵开关		
		名贵插座		
七	卫浴小五金		350	
		名贵厕纸架		
		名贵拉手		
		名贵毛巾杆		

（续表）

序　号	部位 / 分项	主要项目名称及说明	单位造价（元 /m²）	备　注
八	卫生洁具及五金		1 200	
		名贵台盆及龙头		
		名贵坐便器、洗涤盆		
		按摩浴缸及龙头		
		恒温淋浴龙头		
九	综合单价		9 225	尾数进位

表 10-10　公共卫生间（普通）装饰　　　　　　面积：35m²

序　号	部位 / 分项	主要项目名称及说明	单位造价（元 /m²）	备　注
一	地面		270	
		普通防滑地砖		
二	墙面		1 090	
		普通玻化砖		
		普通防火板隔断		
		普通花岗岩洗手台面		
		镜面玻璃		
三	天花		180	
		石膏板吊顶		
四	门		105	
		木饰面门（包括门扇、门套及五金）		
五	灯具材料		55	
		普通节能筒灯		
六	开关面板		15	
		普通开关		
		普通插座		

（续表）

序　号	部位 / 分项	主要项目名称及说明	单位造价（元 /m²）	备　注
七	卫浴小五金		35	
		普通挂钩		
		普通卫生纸盒		
八	卫生洁具及五金		400	
		普通洁具及龙头		
九	综合单价		2 150	尾数进位

表 10-11　公共卫生间（高档）装饰

面积：35m²

序　号	部位 / 分项	主要项目名称及说明	单位造价（元 /m²）	备　注
一	地面		1 150	
		高档石材		
二	墙面		2 480	
		高档石材		
		防雾镜		
		成品隔断		
		高档石材台面		
三	天花		260	
		双层防潮石膏板造型吊顶		
		合资乳胶漆		
		低柜成品金属吊顶		
四	门		285	
		成品木饰面门 （包括门扇、门套及五金）		
五	灯具材料		215	
		高档筒灯		
		高档灯带		

（续表）

序　号	部位／分项	主要项目名称及说明	单位造价（元/m²）	备　注
六	开关面板		35	
		高档开关		
		高档插座		
七	卫浴小五金		215	
		高档挂钩		
		高档手纸箱		
		高档卫生纸盒		
八	卫生洁具及五金		720	
		高档洁具及龙头		
九	综合单价		5 360	尾数进位

表 10-12　公共卫生间（豪华）装饰　　　　　　　　　　　　面积：70m²

序　号	部位／分项	主要项目名称及说明	单位造价（元/m²）	备　注
一	地面		1 705	
		名贵石材		
二	墙面		3 455	
		名贵石材		
		电子防雾镜		
		石材隔断		
		名贵石材台面		
三	天花		435	
		双层石膏板复杂造型吊顶		
		乳胶漆		
		名贵成品金属吊顶		
四	门		455	

（续表）

序　号	部位 / 分项	主要项目名称及说明	单位造价（元 /m²）	备　注
		名贵木饰面门 （包括门扇、门套及五金）		
五	灯具材料		300	
		名贵筒灯		
		名贵灯带		
六	开关面板		50	
		名贵开关		
		名贵插座		
七	卫浴小五金		230	
		名贵拉手		
		名贵纸巾箱		
		名贵厕纸盒		
八	卫生洁具及 五金		1 450	
		名贵洁具及龙头		
九	综合单价		8 080	尾数进位

图 10-1　卫生间

图 10-1　卫生间

二、大堂、公共走道、电梯厅等公共区域室内装饰指标

1. 大堂、公共走道、电梯厅等公共区域室内装饰概述

大堂是指入口接待的空间区域，其主要功能是入口休息、接待、等待的区域，是进入一个崭新空间的入口。公共走道是两个不同空间的连接通道。电梯厅是现代电梯出口空间，与公共通道基本连为一体，是不同楼层间出口。

2. 大堂、公共走道、电梯厅等公共区域室内装饰造价指标说明

大堂的造价指标是包含多楼层高度的墙面，换算平方米指标时仅除以大堂的底层建筑面积。但大堂指标不含五星级酒店特殊门设备——旋转门。公共走道不包含门，其门

工程在每个连接的房间单体中考虑。电梯厅的装饰造价指标包含电梯门口的墙面装饰，但不含电梯轿厢内的装饰费用。

3. 大堂、公共走道、电梯厅等公共区域室内装饰材料选用

1）大堂

一般选择耐磨耐脏的石材、花岗岩，以及玻化砖地砖等；墙面考虑特殊油漆、石材、花岗岩和墙砖，以及人造石和金属墙面；天花通常选用石膏板、金属块材，木饰面以及定制纤维石膏板（图10-2）。

2）公共走道

一般选择耐磨耐脏的玻化砖地砖、地毯、青砖等；墙面采用油漆、墙纸、乳胶漆和墙砖，以及人造石和金属墙面；天花通常选用石膏板和金属块材。

3）电梯厅

一般选择耐磨耐脏的玻化砖地砖、青砖、石材或花岗岩等；墙面采用油漆、墙纸、乳胶漆和墙砖，以及造型木饰面和玻璃；天花通常选用石膏板和金属块材（图10-3）。

4. 大堂、公共走道、电梯厅等公共区域室内装饰造价指标

见表10-13～表10-22。

表 10-13 大堂（普通）装饰

面积：1 280m²

序 号	部位 / 分项	主要项目名称及说明	单位造价（元 /m²）	备 注
一	地面		705	
		普通石材		
二	墙面		945	
		普通石材		
		普通木饰面		
		不锈钢包柱		
		镀膜钢化玻璃及发纹不锈钢		
		接待区服务台		
三	天花		175	
		双层石膏板吊顶		
		乳胶漆		
四	门		135	
		钢化玻璃门 （包括门扇、门套及五金）		
五	灯具材料		210	

（续表）

序　号	部位 / 分项	主要项目名称及说明	单位造价（元 /m²）	备　注
		普通装饰吊灯		
		普通嵌装式节能筒灯		
六	开关面板		20	
		普通开关		
		普通插座		
七	综合单价		2 190	尾数进位

表 10-14　大堂（高档）装饰　　　　面积：1 530m²

序　号	部位 / 分项	主要项目名称及说明	单位造价（元 /m²）	备　注
一	地面		980	
		高档石材		
		局部高档石材拼花		
二	墙面		2 270	
		高档木饰面		
		不锈钢金属饰面		
		墙面乳胶漆		
		中央展示柜		
		接待台		
三	天花		520	
		金属铝板吊顶		
		局部高档木饰面吊顶		
		双层石膏板造型吊顶		
		乳胶漆		
四	门		155	
		石材装饰门（包括门扇、门套及五金）		
		木质单开内门（包括门扇、门套及五金）		
五	灯具		210	
		高档吊灯		

（续表）

序　号	部位／分项	主要项目名称及说明	单位造价（元/m²）	备　注
六	开关面板		40	
		高档开关		
		高档插座		
七	综合单价		4 175	尾数进位

表 10-15　大堂（豪华）装饰

面积：1 530m²

序　号	部位／分项	主要项目名称及说明	单位造价（元/m²）	备　注
一	地面		1 300	
		名贵石材		
		石材异型拼花		
二	墙面		4 345	
		名贵木饰面		
		不锈钢金属饰面		
		墙面乳胶漆		
		展示柜		
		接待台		
三	天花		640	
		透光石吊顶		
		名贵金属吊顶		
		玻璃吊顶		
		双层石膏板复杂造型吊顶		
		乳胶漆		
四	门		495	
		石材装饰门（包括门扇、门套及五金）		
		金属装饰门（包括门扇、门套及五金）		
		木质单开内门（包括门扇、门套及五金）		
		玻璃内门（包括门扇、门套及五金）		
五	灯具		420	

（续表）

序　号	部位 / 分项	主要项目名称及说明	单位造价（元 /m²）	备　注
		名贵吊灯		
六	开关面板		45	
		名贵开关		
		名贵插座		
七	综合单价		7 245	尾数进位

表 10-16　大堂（奢华）装饰　　　　　　　　　　　面积：1 080m²

序　号	部位 / 分项	主要项目名称及说明	单位造价（元 /m²）	备　注
一	地面		2 080	
		顶级石材		
		顶级透光玻璃		
二	墙面		4 725	
		顶级石材		
		发纹不锈钢包柱、包角及灯槽		
		顶级艺术玻璃		
		接待区服务台		
三	天花		2 965	
		铝吊顶外包木纹		
		夹胶透光玻璃		
四	门		620	
		钢化玻璃门 （包括门扇、门套及五金）		
五	灯具		795	
		顶级装饰吊灯		
		顶级嵌装式节能筒灯		
		顶级灯带		
六	开关面板		165	
		顶级开关		
		顶级插座		
七	综合单价		11 350	尾数进位

图 10-2　大堂

表 10-17 电梯厅（普通）装饰

面积：40m²

序　号	部位 / 分项	主要项目名称及说明	单位造价（元 /m²）	备　注
一	地面材料		635	
		普通人造石		
二	墙面材料		1 150	
		普通人造石		
三	天花材料		175	
		双层石膏板吊顶		
		乳胶漆		
四	门		150	
		电梯厅门套		
五	灯具材料		100	
		普通嵌装式节能筒灯		
六	开关面板		20	
		普通开关		
		普通插座		
七	综合单价		2 230	尾数进位

表 10-18 电梯厅（高档）装饰

面积：50m²

序　号	部位 / 分项	主要项目名称及说明	单位造价（元 /m²）	备　注
一	地面材料		980	
		高档石材		
二	墙面材料		2 445	
		高档石材		
		高档拉丝不锈钢板		
三	天花材料		345	
		双层石膏板造型吊顶		
		乳胶漆		
四	门		365	
		钢化玻璃门 （包括门扇、门套及五金）		

（续表）

序　号	部位 / 分项	主要项目名称及说明	单位造价（元 /m²）	备　注
五	灯具材料		180	
		高档节能筒灯		
		高档灯带		
六	开关面板		45	
		高档开关		
		高档插座		
七	综合单价		4 360	尾数进位

表 10-19　电梯厅（豪华）装饰

面积：70m²

序　号	部位 / 分项	主要项目名称及说明	单位造价（元 /m²）	备　注
一	地面材料		1 335	
		名贵石材		
		名贵透光玻璃		
二	墙面材料		4 560	
		名贵豪华石材		
		名贵拉丝不锈钢板		
三	天花材料		460	
		双层石膏板复杂造型吊顶		
		乳胶漆		
		铝板造型吊顶		
四	门		425	
		钢化玻璃门 （包括门扇、门套及五金）		
五	灯具材料		285	
		名贵节能筒灯		
		名贵灯带		
六	开关面板		100	
		名贵开关		
		名贵插座		
七	综合单价		7 165	尾数进位

表 10-20　公共走道（普通）装饰

面积：300m²

序　号	部位/分项	主要项目名称及说明	单位造价（元/m²）	备　注
一	地面		280	
		普通玻化砖		
		普通地毯		
二	墙面		290	
		普通木饰面		
		乳胶漆		
三	天花		145	
		吸音石膏板		
四	门			
五	灯具		95	
		普通嵌装式节能筒灯		
六	开关面板		20	
		普通开关		
		普通插座		
七	综合单价		830	尾数进位

表 10-21　公共走道（高档）装饰

面积：350m²

序　号	部位/分项	主要项目名称及说明	单位造价（元/m²）	备　注
一	地面		345	
		高档方块地毯		
二	墙面		745	
		高档木饰面		
		高档石材		
三	天花		485	
		双层石膏板造型吊顶		
		乳胶漆		
		成品金属吊顶		
四	门			
五	灯具		170	

（续表）

序　号	部位/分项	主要项目名称及说明	单位造价（元/m²）	备　注
		高档筒灯		
		高档灯带		
六	开关面板		35	
		高档开关		
		高档插座		
七	综合单价		1 780	尾数进位

表 10-22　公共走道（豪华）装饰

面积：300m²

序　号	部位/分项	主要项目名称及说明	单位造价（元/m²）	备　注
一	地面		750	
		名贵尼龙地毯		
		名贵多功能网络地板		
二	墙面		1 700	
		名贵木饰面		
		名贵石材		
		名贵木饰面装饰柜		
三	天花		485	
		双层石膏板复杂造型吊顶		
		乳胶漆		
		名贵成品金属造型吊顶		
四	门			
五	灯具		280	
		名贵筒灯		
		名贵灯带		
六	开关面板		135	
		名贵开关		
		名贵插座		
七	综合单价		3 350	尾数进位

图 10-3　电梯厅和走道

第十一章 外 墙

一、外墙装饰的定义

本章造价指标对外墙装饰的定义为：属于外围护结构，由面板和结构组成；悬挂在主体结构之外，可以随主体结构发生形变；可以承受力的作用，把受力递给主体结构；具有装饰性。

二、外墙形式和种类

外墙形式和种类分为：

（1）按材料种类分

玻璃幕墙、石材（不锈钢挂件、铝合金挂件、背栓式、铝背槽式）幕墙、瓷板幕墙、金属（复合铝板、铝单板、蜂窝铝板、不锈钢板）幕墙、人造板幕墙、复合板幕墙以及陶土板幕墙等。

（2）按施工方法分

构件式（框架式）幕墙、半单元式幕墙、单元式幕墙等。

（3）按构造形式分

明框幕墙、半隐框幕墙、全隐框幕墙、无框幕墙、点式玻璃（抓点式、玻璃肋、钢桁架杆式）幕墙、双层呼吸式幕墙以及光电幕墙等（图11–1）。

三、外墙装饰造价指标概述

在外墙造价指标中，单方指标从小到大依次为：外墙乳胶漆为 80～150 元 /m²；外墙面砖为 120～600 元 /m²；铝板外墙为 600～1 500 元 /m²；石材外墙为 700～2 000 元 /m²；玻璃外墙为 900～3 000 元 /m²；陶土板外墙为 1 000～1 800 元 /m²；GRG 异性外墙为 1 500～3 000 元 /m²。

室外幕墙技术的发展，使得外墙装饰发生巨大的转型。有意思的是，随着玻璃幕墙技术的产生和发展，建筑外墙装饰和建筑外墙结构渐渐又融为一体。在现代设计的摩天大楼中，玻璃幕墙逐步用其透光、安全、通风等优点成为建筑外墙材料的主要选择。但随着玻璃幕墙普及，设计师对城市的"热岛效应"也越发关注，相信随着新型外墙材料（高传热性、高透明性、高轻质性、高强度性、高寿命性）的产生，建筑外墙的发展将进入一个更新的时代。

四、外墙装饰造价指标说明

本章外墙装饰造价指标是按材料的种类进行编制，需要注意的是指标按材料表面的展开面积计算，其面积一般比实际的外墙投影面积要大。另将外墙造价指标应用于估算中，外墙与建筑面积的比例一定是一个不容忽略的因素。

1）普通建筑

外墙与建筑面积比为 0.4～1，长宽比不超过 3∶1，层高不超过 5m，无特殊复杂的凹凸面。

2）特殊建筑

外墙与建筑面积比为 0.1～0.3，长宽比超过 3∶1，层高超过 5m，有特殊复杂的凹凸面，如大型艺术中心、体育馆和交通枢纽中心。

另外，外墙的设计复杂系数也是估算中重要的因素，如普通外立面复杂系数一般为 1.05～1.15，复杂的曲面、挑空、欧罗巴风格等公建项目的外墙复杂系数在 1.2～1.8。

五、外墙装饰不同形式造价指标

见表 11-1～表 11-30。

表 11-1　框架式明框玻璃幕墙

序　号	部位/分项	主要项目名称及说明	单位造价（元/m²）	备　注
一	面材			
		6mm+12A+6mm 双银 Low-E 钢化中空玻璃	320	
二	框架			
		铝型材制作及供应（素材）	158	
		铝型材表面处理（阳极氧化）	22	
		铝型材表面处理（氟碳喷涂）	21	
		铝型材表面处理（粉末喷涂）	64	
		钢管或钢型材制作及安装（表面镀锌）	16	
		不锈钢框架	/	
三	固定装置			
		预埋件	40	
		转接件	20	

（续表）

序　号	部位/分项	主要项目名称及说明	单位造价（元/m²）	备　注
四	密封、防潮、防火、分隔材料			
		隔热条	12	
		密封胶/密封胶条	50	
		结构胶/耐候胶	40	
		保温岩棉/防火岩棉	/	
五	五金			
		平开门五金件	/	
		平开窗五金件	/	
六	背衬板			
		1.5mm 厚镀锌钢板	/	
		防鸟网/防虫网	/	
七	其他项目			
		零星辅材	15	
八	加工及安装			
		加工费用	70	
		安装费用	60	
九	间接费用			
		企业管理费、利润及税金等	191	
十	综合单价		1 099	进位取整

表 11-2　框架式明框玻璃幕墙（窗间墙）

序　号	部位/分项	主要项目名称及说明	单位造价（元/m²）	备　注
一	面材			
		6mm+12A+6mm 双银 Low-E 钢化中空玻璃	320	
二	框架			
		铝型材制作及供应（素材）	231	
		铝型材表面处理（阳极氧化）	26	

（续表）

序 号	部位 / 分项	主要项目名称及说明	单位造价（元 /m²）	备 注
		铝型材表面处理（氟碳喷涂）	30	
		铝型材表面处理（粉末喷涂）	80	
		钢管或钢型材制作及安装（表面镀锌）	22	
		不锈钢框架	/	
三	固定装置			
		预埋件	40	
		转接件	20	
四	密封、防潮、防火、分隔材料			
		隔热条	12	
		密封胶 / 密封胶条	50	
		结构胶 / 耐候胶	40	
		保温岩棉 / 防火岩棉	70	
五	五金			
		平开门五金件	/	
		平开窗五金件	/	
六	背衬板			
		1.5mm 厚镀锌钢板	75	
		防鸟网 / 防虫网	/	
七	其他项目			
		零星辅材	25	
八	加工及安装			
		加工费用	80	
		安装费用	70	
九	间接费用			
		企业管理费、利润及税金等	250	
十	综合单价		1 441	进位取整

表 11-3 框架式明框玻璃幕墙（开启窗）

序 号	部位/分项	主要项目名称及说明	单位造价（元/m²）	备 注
一	面材			
		6mm+12A+6mm 双银 Low-E 钢化中空玻璃	320	
二	框架			
		铝型材制作及供应（素材）	315	
		铝型材表面处理（阳极氧化）	28	
		铝型材表面处理（氟碳喷涂）	32	
		铝型材表面处理（粉末喷涂）	88	
		钢管或钢型材制作及安装（表面镀锌）	22	
		不锈钢框架	/	
三	固定装置			
		预埋件	40	
		转接件	20	
四	密封、防潮、防火、分隔材料			
		隔热条	12	
		密封胶/密封胶条	50	
		结构胶/耐候胶	40	
		保温岩棉/防火岩棉	/	
五	五金			
		平开门五金件	/	
		平开窗五金件	240	
六	背衬板			
		1.5mm 厚镀锌钢板	/	
		防鸟网/防虫网	/	
七	其他项目			
		零星辅材	30	
八	加工及安装			
		加工费用	85	

（续表）

序　号	部位 / 分项	主要项目名称及说明	单位造价（元 /m²）	备　注
		安装费用	75	
九	间接费用			
		企业管理费、利润及税金等	293	
十	综合单价		1 690	进位取整

表 11-4　单元式明框玻璃幕墙

序　号	部位 / 分项	主要项目名称及说明	单位造价（元 /m²）	备　注
一	面材			
		6mm+12A+6mm 双银 Low-E 钢化中空玻璃	320	
二	框架			
		铝型材制作及供应（素材）	200	
		铝型材表面处理（阳极氧化）	26	
		铝型材表面处理（氟碳喷涂）	26	
		铝型材表面处理（粉末喷涂）	80	
		钢管或钢型材制作及安装（表面镀锌）	19	
		不锈钢框架	/	
三	固定装置			
		预埋件	40	
		转接件	20	
四	密封、防潮、防火、分隔材料			
		隔热条	15	
		密封胶 / 密封胶条	60	
		结构胶 / 耐候胶	50	
		保温岩棉 / 防火岩棉	/	
五	五金			
		平开门五金件	/	
		平开窗五金件	/	
六	背衬板			

（续表）

序　号	部位 / 分项	主要项目名称及说明	单位造价（元 /m²）	备　注
		1.5mm 厚镀锌钢板	/	
		防鸟网 / 防虫网	/	
七	其他项目			
		零星辅材	20	
八	加工及安装			
		加工费用	80	
		安装费用	70	
九	间接费用			
		企业管理费、利润及税金等	215	
十	综合单价		1 241	进位取整

表 11-5　单元式明框玻璃幕墙（窗间墙）

序　号	部位 / 分项	主要项目名称及说明	单位造价（元 /m²）	备　注
一	面材			
		6mm+12A+6mm 双银 Low-E 钢化中空玻璃	320	
二	框架			
		铝型材制作及供应（素材）	284	
		铝型材表面处理（阳极氧化）	31	
		铝型材表面处理（氟碳喷涂）	34	
		铝型材表面处理（粉末喷涂）	96	
		钢管或钢型材制作及安装（表面镀锌）	25	
		不锈钢框架	/	
三	固定装置			
		预埋件	40	
		转接件	20	
四	密封、防潮、防火、分隔材料			
		隔热条	15	
		密封胶 / 密封胶条	60	

（续表）

序　号	部位 / 分项	主要项目名称及说明	单位造价（元 /m²）	备　注
		结构胶 / 耐候胶	50	
		保温岩棉 / 防火岩棉	70	
五	五金			
		平开门五金件	/	
		平开窗五金件	/	
六	背衬板			
		1.5mm 厚镀锌钢板	75	
		防鸟网 / 防虫网	/	
七	其他项目			
		零星辅材	30	
八	加工及安装			
		加工费用	90	
		安装费用	80	
九	间接费用			
		企业管理费、利润及税金等	277	
十	综合单价		1 597	进位取整

表 11-6　单元式明框玻璃幕墙（开启窗）

序　号	部位 / 分项	主要项目名称及说明	单位造价（元 /m²）	备　注
一	面材			
		6mm+12A+6mm 双银 Low-E 钢化中空玻璃	320	
二	框架			
		铝型材制作及供应（素材）	378	
		铝型材表面处理（阳极氧化）	33	
		铝型材表面处理（氟碳喷涂）	38	
		铝型材表面处理（粉末喷涂）	100	
		钢管或钢型材制作及安装（表面镀锌）	25	
		不锈钢框架	/	

（续表）

序 号	部位/分项	主要项目名称及说明	单位造价（元/m²）	备 注
三	固定装置			
		预埋件	40	
		转接件	20	
四	密封、防潮、防火、分隔材料			
		隔热条	15	
		密封胶/密封胶条	60	
		结构胶/耐候胶	50	
		保温岩棉/防火岩棉	/	
五	五金			
		平开门五金件	/	
		平开窗五金件	240	
六	背衬板			
		1.5mm厚镀锌钢板	/	
		防鸟网/防虫网	/	
七	其他项目			
		零星辅材	35	
八	加工及安装			
		加工费用	95	
		安装费用	85	
九	间接费用			
		企业管理费、利润及税金等	322	
十	综合单价		1 856	进位取整

表 11-7　框架式半隐框玻璃幕墙

序 号	部位/分项	主要项目名称及说明	单位造价（元/m²）	备 注
一	面材			
		6mm+12A+6mm 双银 Low-E 钢化中空玻璃	320	
二	框架			
		铝型材制作及供应（素材）	147	

（续表）

序　号	部位 / 分项	主要项目名称及说明	单位造价（元 /m²）	备　注
		铝型材表面处理（阳极氧化）	20	
		铝型材表面处理（氟碳喷涂）	19	
		铝型材表面处理（粉末喷涂）	56	
		钢管或钢型材制作及安装（表面镀锌）	28	
		不锈钢框架	/	
三	固定装置			
		预埋件	40	
		转接件	20	
四	密封、防潮、防火、分隔材料			
		隔热条	12	
		密封胶 / 密封胶条	50	
		结构胶 / 耐候胶	60	
		保温岩棉 / 防火岩棉	/	
五	五金			
		平开门五金件	/	
		平开窗五金件	/	
六	背衬板			
		1.5mm 厚镀锌钢板	/	
		防鸟网 / 防虫网	/	
七	其他项目			
		零星辅材	15	
八	加工及安装			
		加工费用	70	
		安装费用	60	
九	间接费用			
		企业管理费、利润及税金等	193	
十	综合单价		1 110	进位取整

表 11-8　框架式半隐框玻璃幕墙（窗间墙）

序　号	部位 / 分项	主要项目名称及说明	单位造价（元 /m²）	备　注
一	面材			
		6mm+12A+6mm 双银 Low-E 钢化中空玻璃	320	
二	框架			
		铝型材制作及供应（素材）	221	
		铝型材表面处理（阳极氧化）	22	
		铝型材表面处理（氟碳喷涂）	26	
		铝型材表面处理（粉末喷涂）	72	
		钢管或钢型材制作及安装（表面镀锌）	32	
		不锈钢框架	/	
三	固定装置			
		预埋件	40	
		转接件	20	
四	密封、防潮、防火、分隔材料			
		隔热条	12	
		密封胶 / 密封胶条	50	
		结构胶 / 耐候胶	60	
		保温岩棉 / 防火岩棉	70	
五	五金			
		平开门五金件	/	
		平开窗五金件	/	
六	背衬板			
		1.5mm 厚镀锌钢板	75	
		防鸟网 / 防虫网	/	
七	其他项目			
		零星辅材	25	
八	加工及安装			
		加工费用	80	

（续表）

序 号	部位 / 分项	主要项目名称及说明	单位造价（元 /m²）	备 注
		安装费用	70	
九	间接费用			
		企业管理费、利润及税金等	251	
十	综合单价		1 446	进位取整

表 11-9　框架式半隐框玻璃幕墙（开启窗）

序 号	部位 / 分项	主要项目名称及说明	单位造价（元 /m²）	备 注
一	面材			
		6mm+12A+6mm 双银 Low-E 钢化中空玻璃	320	
二	框架			
		铝型材制作及供应（素材）	294	
		铝型材表面处理（阳极氧化）	26	
		铝型材表面处理（氟碳喷涂）	34	
		铝型材表面处理（粉末喷涂）	80	
		钢管或钢型材制作及安装（表面镀锌）	32	
		不锈钢框架	/	
三	固定装置			
		预埋件	40	
		转接件	20	
四	密封、防潮、防火、分隔材料			
		隔热条	12	
		密封胶 / 密封胶条	50	
		结构胶 / 耐候胶	60	
		保温岩棉 / 防火岩棉	/	
五	五金			
		平开门五金件	/	
		平开窗五金件	240	
六	背衬板			

（续表）

序　号	部位 / 分项	主要项目名称及说明	单位造价（元 /m²）	备　注
		1.5mm 厚镀锌钢板	/	
		防鸟网 / 防虫网	/	
七	其他项目			
		零星辅材	30	
八	加工及安装			
		加工费用	85	
		安装费用	75	
九	间接费用			
		企业管理费、利润及税金等	294	
十	综合单价		1 692	进位取整

表 11-10　单元式半隐框玻璃幕墙

序　号	部位 / 分项	主要项目名称及说明	单位造价（元 /m²）	备　注
一	面材			
		6mm+12A+6mm 双银 Low-E 钢化中空玻璃	320	
二	框架			
		铝型材制作及供应（素材）	189	
		铝型材表面处理（阳极氧化）	24	
		铝型材表面处理（氟碳喷涂）	23	
		铝型材表面处理（粉末喷涂）	72	
		钢管或钢型材制作及安装（表面镀锌）	32	
		不锈钢框架	/	
三	固定装置			
		预埋件	40	
		转接件	20	
四	密封、防潮、防火、分隔材料			
		隔热条	15	
		密封胶 / 密封胶条	60	

（续表）

序 号	部位/分项	主要项目名称及说明	单位造价（元/m²）	备 注
		结构胶/耐候胶	75	
		保温岩棉/防火岩棉	/	
五	五金			
		平开门五金件	/	
		平开窗五金件	/	
六	背衬板			
		1.5mm 厚镀锌钢板	/	
		防鸟网/防虫网	/	
七	其他项目			
		零星辅材	20	
八	加工及安装			
		加工费用	80	
		安装费用	70	
九	间接费用			
		企业管理费、利润及税金等	218	
十	综合单价		1 258	进位取整

表 11-11 单元式半隐框玻璃幕墙（窗间墙）

序 号	部位/分项	主要项目名称及说明	单位造价（元/m²）	备 注
一	面材			
		6mm+12A+6mm 双银 Low-E 钢化中空玻璃	320	
二	框架			
		铝型材制作及供应（素材）	273	
		铝型材表面处理（阳极氧化）	29	
		铝型材表面处理（氟碳喷涂）	30	
		铝型材表面处理（粉末喷涂）	88	
		钢管或钢型材制作及安装（表面镀锌）	38	
		不锈钢框架	/	

（续表）

序号	部位/分项	主要项目名称及说明	单位造价（元/m²）	备注
三	固定装置			
		预埋件	40	
		转接件	20	
四	密封、防潮、防火、分隔材料			
		隔热条	15	
		密封胶/密封胶条	60	
		结构胶/耐候胶	75	
		保温岩棉/防火岩棉	70	
五	五金			
		平开门五金件	/	
		平开窗五金件	/	
六	背衬板			
		1.5mm厚镀锌钢板	75	
		防鸟网/防虫网	/	
七	其他项目			
		零星辅材	30	
八	加工及安装			
		加工费用	90	
		安装费用	80	
九	间接费用			
		企业管理费、利润及税金等	280	
十	综合单价		1 613	进位取整

表 11-12　单元式半隐框玻璃幕墙（开启窗）

序号	部位/分项	主要项目名称及说明	单位造价（元/m²）	备注
一	面材			
		6mm+12A+6mm 双银 Low-E 钢化中空玻璃	320	
二	框架			
		铝型材制作及供应（素材）	357	

（续表）

序 号	部位 / 分项	主要项目名称及说明	单位造价（元 /m²）	备 注
		铝型材表面处理（阳极氧化）	31	
		铝型材表面处理（氟碳喷涂）	38	
		铝型材表面处理（粉末喷涂）	96	
		钢管或钢型材制作及安装（表面镀锌）	38	
		不锈钢框架	/	
三	固定装置			
		预埋件	40	
		转接件	20	
四	密封、防潮、防火、分隔材料			
		隔热条	15	
		密封胶 / 密封胶条	60	
		结构胶 / 耐候胶	75	
		保温岩棉 / 防火岩棉	/	
五	五金			
		平开门五金件	/	
		平开窗五金件	240	
六	背衬板			
		1.5mm 厚镀锌钢板	/	
		防鸟网 / 防虫网	/	
七	其他项目			
		零星辅材	35	
八	加工及安装			
		加工费用	95	
		安装费用	85	
九	间接费用			
		企业管理费、利润及税金等	324	
十	综合单价		1 869	进位取整

表 11-13 框架式全隐框玻璃幕墙

序 号	部位 / 分项	主要项目名称及说明	单位造价（元 /m²）	备 注
一	面材			
		6mm+12A+6mm 双银 Low-E 钢化中空玻璃	320	
二	框架			
		铝型材制作及供应（素材）	137	
		铝型材表面处理（阳极氧化）	18	
		铝型材表面处理（氟碳喷涂）	17	
		铝型材表面处理（粉末喷涂）	52	
		钢管或钢型材制作及安装（表面镀锌）	35	
		不锈钢框架	/	
三	固定装置			
		预埋件	40	
		转接件	20	
四	密封、防潮、防火、分隔材料			
		隔热条	12	
		密封胶 / 密封胶条	50	
		结构胶 / 耐候胶	80	
		保温岩棉 / 防火岩棉	/	
五	五金			
		平开门五金件	/	
		平开窗五金件	/	
六	背衬板			
		1.5mm 厚镀锌钢板	/	
		防鸟网 / 防虫网	/	
七	其他项目			
		零星辅材	15	
八	加工及安装			
		加工费用	70	
		安装费用	60	

（续表）

序　号	部位 / 分项	主要项目名称及说明	单位造价（元 /m²）	备　注
九	间接费用			
		企业管理费、利润及税金等	194	
十	综合单价		1 120	进位取整

表 11–14　框架式全隐框玻璃幕墙（窗间墙）

序　号	部位 / 分项	主要项目名称及说明	单位造价（元 /m²）	备　注
一	面材			
		6mm+12A+6mm 双银 Low–E 钢化中空玻璃	320	
二	框架			
		铝型材制作及供应（素材）	200	
		铝型材表面处理（阳极氧化）	22	
		铝型材表面处理（氟碳喷涂）	23	
		铝型材表面处理（粉末喷涂）	64	
		钢管或钢型材制作及安装（表面镀锌）	38	
		不锈钢框架	/	
三	固定装置			
		预埋件	40	
		转接件	20	
四	密封、防潮、防火、分隔材料			
		隔热条	12	
		密封胶 / 密封胶条	50	
		结构胶 / 耐候胶	80	
		保温岩棉 / 防火岩棉	70	
五	五金			
		平开门五金件	/	
		平开窗五金件	/	
六	背衬板			
		1.5mm 厚镀锌钢板	75	

（续表）

序　号	部位/分项	主要项目名称及说明	单位造价（元/m²）	备　注
		防鸟网/防虫网	/	
七	其他项目			
		零星辅材	25	
八	加工及安装			
		加工费用	80	
		安装费用	70	
九	间接费用			
		企业管理费、利润及税金等	250	
十	综合单价		1 439	进位取整

表 11-15　框架式全隐框玻璃幕墙（开启窗）

序　号	部位/分项	主要项目名称及说明	单位造价（元/m²）	备　注
一	面材			
		6mm+12A+6mm 双银 Low-E 钢化中空玻璃	320	
二	框架			
		铝型材制作及供应（素材）	263	
		铝型材表面处理（阳极氧化）	24	
		铝型材表面处理（氟碳喷涂）	30	
		铝型材表面处理（粉末喷涂）	72	
		钢管或钢型材制作及安装（表面镀锌）	38	
		不锈钢框架	/	
三	固定装置			
		预埋件	40	
		转接件	20	
四	密封、防潮、防火、分隔材料			
		隔热条	12	
		密封胶/密封胶条	50	
		结构胶/耐候胶	80	

（续表）

序　号	部位 / 分项	主要项目名称及说明	单位造价（元 /m²）	备　注
		保温岩棉 / 防火岩棉	/	
五	五金			
		平开门五金件	/	
		平开窗五金件	240	
六	背衬板			
		1.5mm 厚镀锌钢板	/	
		防鸟网 / 防虫网	/	
七	其他项目			
		零星辅材	30	
八	加工及安装			
		加工费用	85	
		安装费用	75	
九	间接费用			
		企业管理费、利润及税金等	290	
十	综合单价		1 669	进位取整

表 11-16　单元式全隐框玻璃幕墙

序　号	部位 / 分项	主要项目名称及说明	单位造价（元 /m²）	备　注
一	面材			
		6mm+12A+6mm 双银 Low-E 钢化中空玻璃	320	
二	框架			
		铝型材制作及供应（素材）	179	
		铝型材表面处理（阳极氧化）	22	
		铝型材表面处理（氟碳喷涂）	20	
		铝型材表面处理（粉末喷涂）	64	
		钢管或钢型材制作及安装（表面镀锌）	44	
		不锈钢框架	/	
三	固定装置			

（续表）

序　号	部位 / 分项	主要项目名称及说明	单位造价（元 /m²）	备　注
		预埋件	40	
		转接件	20	
四	密封、防潮、防火、分隔材料			
		隔热条	15	
		密封胶 / 密封胶条	60	
		结构胶 / 耐候胶	95	
		保温岩棉 / 防火岩棉	/	
五	五金			
		平开门五金件	/	
		平开窗五金件	/	
六	背衬板			
		1.5mm 厚镀锌钢板	/	
		防鸟网 / 防虫网	/	
七	其他项目			
		零星辅材	20	
八	加工及安装			
		加工费用	80	
		安装费用	70	
九	间接费用			
		企业管理费、利润及税金等	220	
十	综合单价		1 269	进位取整

表 11-17　单元式全隐框玻璃幕墙（窗间墙）

序　号	部位 / 分项	主要项目名称及说明	单位造价（元 /m²）	备　注
一	面材			
		6mm+12A+6mm 双银 Low-E 钢化中空玻璃	320	
二	框架			
		铝型材制作及供应（素材）	252	

（续表）

序　号	部位 / 分项	主要项目名称及说明	单位造价（元 /m²）	备　注
		铝型材表面处理（阳极氧化）	26	
		铝型材表面处理（氟碳喷涂）	27	
		铝型材表面处理（粉末喷涂）	80	
		钢管或钢型材制作及安装（表面镀锌）	50	
		不锈钢框架	/	
三	固定装置			
		预埋件	40	
		转接件	20	
四	密封、防潮、防火、分隔材料			
		隔热条	15	
		密封胶 / 密封胶条	60	
		结构胶 / 耐候胶	95	
		保温岩棉 / 防火岩棉	70	
五	五金			
		平开门五金件	/	
		平开窗五金件	/	
六	背衬板			
		1.5mm 厚镀锌钢板	75	
		防鸟网 / 防虫网	/	
七	其他项目			
		零星辅材	30	
八	加工及安装			
		加工费用	90	
		安装费用	80	
九	间接费用			
		企业管理费、利润及税金等	279	
十	综合单价		1 609	进位取整

表 11-18　单元式全隐框玻璃幕墙（开启窗）

序 号	部位 / 分项	主要项目名称及说明	单位造价（元 /m²）	备 注
一	面材			
		6mm+12A+6mm 双银 Low-E 钢化中空玻璃	320	
二	框架			
		铝型材制作及供应（素材）	336	
		铝型材表面处理（阳极氧化）	29	
		铝型材表面处理（氟碳喷涂）	34	
		铝型材表面处理（粉末喷涂）	88	
		钢管或钢型材制作及安装 （表面镀锌）	50	
		不锈钢框架	/	
三	固定装置			
		预埋件	40	
		转接件	20	
四	密封、防潮、防火、分隔材料			
		隔热条	15	
		密封胶 / 密封胶条	60	
		结构胶 / 耐候胶	95	
		保温岩棉 / 防火岩棉	/	
五	五金			
		平开门五金件	/	
		平开窗五金件	240	
六	背衬板			
		1.5mm 厚镀锌钢板	/	
		防鸟网 / 防虫网	/	
七	其他项目			
		零星辅材	35	
八	加工及安装			
		加工费用	95	
		安装费用	85	

（续表）

序　号	部位 / 分项	主要项目名称及说明	单位造价（元 /m²）	备　注
九	间接费用			
		企业管理费、利润及税金等	324	
十	综合单价		1 866	进位取整

表 11-19　点式玻璃幕墙（抓点式）

序　号	部位 / 分项	主要项目名称及说明	单位造价（元 /m²）	备　注
一	面材			
		6mm+12A+6mm 双银 Low-E 钢化中空玻璃	320	
二	框架			
		铝型材制作及供应（素材）	/	
		铝型材表面处理（阳极氧化）	/	
		铝型材表面处理（氟碳喷涂）	/	
		铝型材表面处理（粉末喷涂）	/	
		钢管或钢型材制作及安装（表面镀锌）	50	
		不锈钢框架	138	
三	固定装置			
		驳接爪	120	
		不锈钢拉索	20	
		不锈钢拉索固定端	15	
		预埋件	40	
		转接件	/	
四	密封、防潮、防火、分隔材料			
		隔热条	/	
		密封胶 / 密封胶条	60	
		结构胶 / 耐候胶	60	
		保温岩棉 / 防火岩棉	/	

（续表）

序 号	部位 / 分项	主要项目名称及说明	单位造价（元 /m²）	备 注
五	五金			
		平开门五金件	/	
		平开窗五金件	/	
六	背衬板			
		1.5mm 厚镀锌钢板	/	
		防鸟网 / 防虫网	/	
七	其他项目			
		零星辅材	25	
八	加工及安装			
		加工费用	90	
		安装费用	90	
九	间接费用			
		企业管理费、利润及税金等	216	
十	综合单价		1 244	进位取整

表 11-20 点式玻璃幕墙（玻璃肋）

序 号	部位 / 分项	主要项目名称及说明	单位造价（元 /m²）	备 注
一	面材			
		6mm+12A+6mm 双银 Low-E 钢化中空玻璃	320	
		6mm+1.14PVB+6mm 双银 Low-E 钢化夹胶玻璃	92	
二	框架			
		铝型材制作及供应（素材）	/	
		铝型材表面处理（阳极氧化）	/	
		铝型材表面处理（氟碳喷涂）	/	
		铝型材表面处理（粉末喷涂）	/	

（续表）

序　号	部位 / 分项	主要项目名称及说明	单位造价（元 /m²）	备　注
		钢管或钢型材制作及安装（表面镀锌）	38	
		不锈钢框架	138	
三	固定装置			
		驳接爪	80	
		不锈钢拉索	15	
		不锈钢拉索固定端	10	
		预埋件	40	
		转接件	/	
四	密封、防潮、防火、分隔材料			
		隔热条	/	
		密封胶 / 密封胶条	65	
		结构胶 / 耐候胶	65	
		保温岩棉 / 防火岩棉	/	
五	五金			
		平开门五金件	/	
		平开窗五金件	/	
六	背衬板			
		1.5mm 厚镀锌钢板	/	
		防鸟网 / 防虫网	/	
七	其他项目			
		零星辅材	30	
八	加工及安装			
		加工费用	100	
		安装费用	100	
九	间接费用			
		企业管理费、利润及税金等	230	
十	综合单价		1 323	进位取整

表 11-21　点式玻璃幕墙（钢桁架拉杆式）

序　号	部位 / 分项	主要项目名称及说明	单位造价（元 /m²）	备　注
一	面材			
		6mm+12A+6mm 双银 Low-E 钢化中空玻璃	320	
二	框架			
		铝型材制作及供应（素材）	/	
		铝型材表面处理（阳极氧化）	/	
		铝型材表面处理（氟碳喷涂）	/	
		钢结构（表面防火涂料）	259	
		钢管或钢型材制作及安装（表面镀锌）	63	
		不锈钢框架	495	
三	固定装置			
		驳接爪	300	
		不锈钢拉索	25	
		不锈钢拉索固定端	20	
		预埋件	50	
		转接件	/	
四	密封、防潮、防火、分隔材料			
		隔热条	/	
		密封胶 / 密封胶条	50	
		结构胶 / 耐候胶	50	
		保温岩棉 / 防火岩棉	/	
五	五金			
		平开门五金件	/	
		平开窗五金件	/	
六	背衬板			
		1.5mm 厚镀锌钢板	/	
		防鸟网 / 防虫网	/	
七	其他项目			
		零星辅材	30	

（续表）

序 号	部位 / 分项	主要项目名称及说明	单位造价（元 /m²）	备 注
八	加工及安装			
		加工费用	200	
		安装费用	250	
九	间接费用			
		企业管理费、利润及税金等	444	
十	综合单价		2 556	进位取整

表 11-22　双层呼吸式玻璃幕墙

序 号	部位 / 分项	主要项目名称及说明	单位造价（元 /m²）	备 注
一	面材			
		6mm+12A+6mm 双银 Low-E 钢化中空玻璃	320	
		12mm 单片钢化玻璃	125	
		3mm 厚铝单板表面处理（氟碳喷涂）	52	
二	框架			
		铝型材制作及供应（素材）	567	
		铝型材表面处理（阳极氧化）	66	
		铝型材表面处理（氟碳喷涂）	51	
		铝型材表面处理（粉末喷涂）	280	
		钢管或钢型材制作及安装（表面镀锌）	63	
		不锈钢框架	/	
三	固定装置			
		驳接爪	/	
		不锈钢拉索	/	
		不锈钢拉索固定端	/	
		预埋件	50	
		转接件	30	
四	密封、防潮、防火、分隔材料			
		隔热条	15	

（续表）

序　号	部位 / 分项	主要项目名称及说明	单位造价（元 /m²）	备　注
		密封胶 / 密封胶条	55	
		结构胶 / 耐候胶	80	
		保温岩棉 / 防火岩棉	/	
五	五金			
		平开门五金件	/	
		平开窗五金件	/	
六	背衬板			
		1.5mm 厚镀锌钢板	38	
		防鸟网 / 防虫网	/	
七	其他项目			
		零星辅材	30	
八	加工及安装			
		加工费用	100	
		安装费用	120	
九	间接费用			
		企业管理费、利润及税金等	429	
十	综合单价		2 471	进位取整

备注：上述价格组成中不包括两层玻璃之间的遮阳帘 / 遮阳百叶及送风系统。

表 11-23　铝板幕墙（复合铝板）

序　号	部位 / 分项	主要项目名称及说明	单位造价（元 /m²）	备　注
一	面材			
		4mm 厚复合铝板表面处理（氟碳喷涂）	270	
二	框架			
		铝型材制作及供应（素材）	116	
		铝型材表面处理（阳极氧化）	9	
		铝型材表面处理（氟碳喷涂）	17	
		铝型材表面处理（粉末喷涂）	36	
		钢管或钢型材制作及安装（表面镀锌）	63	

（续表）

序　号	部位／分项	主要项目名称及说明	单位造价（元/m²）	备　注
		不锈钢框架	/	
三	固定装置			
		预埋件	40	
		转接件	/	
四	密封、防潮、防火、分隔材料			
		隔热条	12	
		密封胶／密封胶条	25	
		结构胶／耐候胶	20	
		保温岩棉／防火岩棉	/	
五	背衬板			
		1.5mm 厚镀锌钢板	75	
		防鸟网／防虫网	/	
六	其他项目			
		零星辅材	10	
七	加工及安装			
		加工费用	80	
		安装费用	70	
八	间接费用			
		企业管理费、利润及税金等	177	
九	综合单价		1 020	进位取整

表 11-24　铝板幕墙（铝单板）

序　号	部位／分项	主要项目名称及说明	单位造价（元/m²）	备　注
一	面材			
		3mm 厚铝单板表面处理（氟碳喷涂）	280	
二	框架			
		铝型材制作及供应（素材）	137	
		铝型材表面处理（阳极氧化）	13	
		铝型材表面处理（氟碳喷涂）	21	
		铝型材表面处理（粉末喷涂）	40	

（续表）

序 号	部位 / 分项	主要项目名称及说明	单位造价（元 /m²）	备 注
		钢管或钢型材制作及安装（表面镀锌）	44	
		不锈钢框架	/	
三	固定装置			
		预埋件	35	
		转接件	/	
四	密封、防潮、防火、分隔材料			
		隔热条	15	
		密封胶 / 密封胶条	40	
		结构胶 / 耐候胶	30	
		保温岩棉 / 防火岩棉	/	
五	背衬板			
		1.5mm 厚镀锌钢板	75	
		防鸟网 / 防虫网	/	
六	其他项目			
		零星辅材	15	
七	加工及安装			
		加工费用	80	
		安装费用	70	
八	间接费用			
		企业管理费、利润及税金等	188	
九	综合单价		1 083	进位取整

表 11-25　铝板幕墙（仿木纹金属铝板）

序 号	部位 / 分项	主要项目名称及说明	单位造价（元 /m²）	备 注
一	面材			
		仿木纹金属铝板	800	
二	框架			
		铝型材制作及供应（素材）	137	

（续表）

序　号	部位 / 分项	主要项目名称及说明	单位造价（元 /m²）	备　注
		铝型材表面处理 （阳极氧化）	13	
		铝型材表面处理 （氟碳喷涂）	21	
		铝型材表面处理 （粉末喷涂）	40	
		钢管或钢型材制作及安装 （表面镀锌）	44	
		不锈钢框架	/	
三	固定装置			
		预埋件	35	
		转接件	/	
四	密封、防潮、防火、分隔材料			
		隔热条	15	
		密封胶 / 密封胶条	40	
		结构胶 / 耐候胶	30	
		保温岩棉 / 防火岩棉	/	
五	背衬板			
		1.5mm 厚镀锌钢板	75	
		防鸟网 / 防虫网	/	
六	其他项目			
		零星辅材	15	
七	加工及安装			
		加工费用	80	
		安装费用	70	
八	间接费用			
		企业管理费、利润及税金等	297	
九	综合单价		1 712	进位取整

表 11-26　铝板幕墙（蜂窝铝板）

序　号	部位 / 分项	主要项目名称及说明	单位造价（元 /m²）	备　注
一	面材			
		20mm 厚蜂窝铝板表面处理（氟碳喷涂）	650	
二	框架			
		铝型材制作及供应（素材）	168	
		铝型材表面处理（阳极氧化）	11	
		铝型材表面处理（氟碳喷涂）	34	
		铝型材表面处理（粉末喷涂）	60	
		钢管或钢型材制作及安装（表面镀锌）	76	
		不锈钢框架	/	
三	固定装置			
		预埋件	50	
		转接件	/	
四	密封、防潮、防火、分隔材料			
		隔热条	20	
		密封胶 / 密封胶条	55	
		结构胶 / 耐候胶	45	
		保温岩棉 / 防火岩棉	/	
五	背衬板			
		1.5mm 厚镀锌钢板	75	
		防鸟网 / 防虫网	/	
六	其他项目			
		零星辅材	35	
七	加工及安装			
		加工费用	140	
		安装费用	110	
八	间接费用			
		企业管理费、利润及税金等	321	
九	综合单价		1 850	进位取整

表 11-27 石材幕墙（普通石材，背栓式）

序　号	部位 / 分项	主要项目名称及说明	单位造价（元 /m²）	备　注
一	面材			
		300mm 厚石材（国产）	300	
二	框架			
		铝型材制作及供应（素材）	105	
		铝型材表面处理（阳极氧化）	11	
		铝型材表面处理（氟碳喷涂）	9	
		铝型材表面处理（粉末喷涂）	32	
		钢管或钢型材制作及安装（表面镀锌）	126	
		不锈钢框架	/	
三	固定装置			
		预埋件	50	
		转接件	10	
四	密封、防潮、防火、分隔材料			
		隔热条	/	
		密封胶 / 密封胶条	60	
		结构胶 / 耐候胶	15	
		保温岩棉 / 防火岩棉	45	
五	背衬板			
		1.5mm 厚镀锌钢板	75	
		防鸟网 / 防虫网	/	
六	其他项目			
		零星辅材	50	
七	加工及安装			
		加工费用	90	
		安装费用	110	
八	间接费用			
		企业管理费、利润及税金等	228	
九	综合单价		1 316	进位取整

表 11-28 石材幕墙（进口石材，背栓式）

序号	部位/分项	主要项目名称及说明	单位造价（元/m²）	备注
一	面材			
		300mm 厚石材（进口）	800	
二	框架			
		铝型材制作及供应（素材）	105	
		铝型材表面处理（阳极氧化）	11	
		铝型材表面处理（氟碳喷涂）	9	
		铝型材表面处理（粉末喷涂）	32	
		钢管或钢型材制作及安装（表面镀锌）	126	
		不锈钢框架	/	
三	固定装置			
		预埋件	50	
		转接件	10	
四	密封、防潮、防火、分隔材料			
		隔热条	/	
		密封胶/密封胶条	60	
		结构胶/耐候胶	15	
		保温岩棉/防火岩棉	45	
五	背衬板			
		1.5mm 厚镀锌钢板	75	
		防鸟网/防虫网	/	
六	其他项目			
		零星辅材	50	
七	加工及安装			
		加工费用	90	
		安装费用	110	
八	间接费用			
		企业管理费、利润及税金等	333	
九	综合单价		1 921	进位取整

表 11-29 陶土板幕墙（普通）

序 号	部位/分项	主要项目名称及说明	单位造价（元/m²）	备 注
一	面材			
		陶土板（普通）	400	
二	框架			
		铝型材制作及供应（素材）	74	
		铝型材表面处理（阳极氧化）	9	
		铝型材表面处理（氟碳喷涂）	9	
		铝型材表面处理（粉末喷涂）	32	
		钢管或钢型材制作及安装（表面镀锌）	76	
		不锈钢框架	/	
三	固定装置			
		预埋件	40	
		转接件	5	
四	密封、防潮、防火、分隔材料			
		隔热条	/	
		密封胶/密封胶条	30	
		结构胶/耐候胶	10	
		保温岩棉/防火岩棉	30	
五	背衬板			
		1.5mm 厚镀锌钢板	75	
		防鸟网/防虫网	/	
六	其他项目			
		零星辅材	20	
七	加工及安装			
		加工费用	70	
		安装费用	90	
八	间接费用			
		企业管理费、利润及税金等	204	
九	综合单价		1 174	进位取整

表 11-30 陶土板幕墙（进口）

序　号	部位 / 分项	主要项目名称及说明	单位造价（元 /m²）	备　注
一	面材			
		陶土板（进口）	950	
二	框架			
		铝型材制作及供应（素材）	74	
		铝型材表面处理（阳极氧化）	9	
		铝型材表面处理（氟碳喷涂）	9	
		铝型材表面处理（粉末喷涂）	32	
		钢管或钢型材制作及安装（表面镀锌）	76	
		不锈钢框架	/	
三	固定装置			
		预埋件	40	
		转接件	5	
四	密封、防潮、防火、分隔材料			
		隔热条	/	
		密封胶 / 密封胶条	30	
		结构胶 / 耐候胶	10	
		保温岩棉 / 防火岩棉	30	
五	背衬板			
		1.5mm 厚镀锌钢板	75	
		防鸟网 / 防虫网	/	
六	其他项目			
		零星辅材	20	
七	加工及安装			
		加工费用	70	
		安装费用	90	
八	间接费用			
		企业管理费、利润及税金等	319	
九	综合单价		1 839	进位取整

图 11-1　不同形式的外立面

第十二章　屋　面

一、屋面装饰概述

屋面就是建筑物屋顶的表面，它同外墙一样，只是所体现的形式和种类略有差异。它主要分平屋面、坡屋面、种植屋面三个部分，包括有柔性（卷材、涂膜）防水屋面、刚性防水屋面、瓦（混凝土瓦、彩色水泥瓦、油毡瓦、小青瓦、琉璃瓦）屋面、屋面面砖、屋面石材、玻璃屋面、透光屋面、屋面天窗、屋面老虎窗、压型钢板屋面、金属屋面、屋顶绿化、屋顶花园等。本章主要针对金属屋面予以阐述和分析。

金属屋面是指采用金属板材作为屋盖材料，将结构层和防水层、保温层合二为一的屋盖形式。金属板材的种类很多，有锌板、镀铝锌板、铝合金板、铝镁锰合金板、钛合金板、铜板、不锈钢板等，厚度一般为 0.4 ~ 1.5mm，板的表面一般进行涂装处理。

由于材质及涂层质量不同，有的板寿命可达 50 年以上。板的制作形式多种多样，有的为复合板，即将保温层复合在两层金属板材之间，也有的为单板。施工时，有的板在工厂加工好后现场组装，有的根据屋面工程的需要在现场加工。保温层也是如此，有的在工厂复合好，有的在现场制作。所以金属屋面的形式可以是多种多样的，一般主要在工业厂房及大型公共建筑（体育中心 / 体育馆、游泳馆、文化艺术中心 / 大礼堂、演艺中心 / 大剧院、会展 / 博览中心、科技馆、博物馆、展览馆、铁路 / 汽车 / 轮船客运中心、大型机场航站楼等）上使用（图 12-1）。

二、屋面装饰造价指标说明

屋面装饰造价指标含面层和基层，以及面层下面的钢骨架费用，考虑保温岩棉，但未包含防水层。若考虑不同建筑功能，多层多功能屋面因根据设计方案进行换算，在利用指标做估算时要综合保温、防水、支撑结构、隔音、屋面硬化等所有费用（表 12-1）。

表 12-1　金属屋面（铝镁锰板，不含钢桁架）

序　号	部位 / 分项	主要项目名称及说明	单位造价（元 /m²）	备　注
一	面材			
		0.9mm 厚铝镁锰板表面处理（氟碳滚涂）	108	

（续表）

序　号	部位 / 分项	主要项目名称及说明	单位造价（元 /m²）	备　注
		0.45mm 厚钢板（表面镀锌）	40	
二	框架			
		铝型材制作及供应（素材）	21	
		铝型材表面处理（阳极氧化）	/	
		铝型材表面处理（氟碳喷涂）	/	
		铝型材表面处理（粉末喷涂）	/	
		钢管或钢型材制作及安装（表面镀锌）	76	
		不锈钢框架	/	
三	固定装置			
		预埋件	30	
		转接件	/	
四	密封、防潮、防火、分隔材料			
		隔热条	/	
		密封胶 / 密封胶条	/	
		结构胶 / 耐候胶	/	
		保温岩棉 / 防火岩棉	80	
五	背衬板			
		1.5mm 厚镀锌钢板	/	
		防鸟网 / 防虫网		
六	其他项目			
		零星辅材	30	
七	加工及安装			
		加工费用	70	
		安装费用	80	
八	间接费用			
		企业管理费、利润及税金等	112	
九	综合单价		647	进位取整

表 12-2　金属屋面（铝单板，含钢桁架）

序　号	部位 / 分项	主要项目名称及说明	单位造价（元 /m²）	备　注
一	面材			
		3mm 厚铝单板表面处理（氟碳喷涂）	336	
二	框架			
		铝型材制作及供应（素材）	/	
		铝型材表面处理（阳极氧化）	/	
		铝型材表面处理（氟碳喷涂）	/	
		铝型材表面处理（粉末喷涂）	/	
		钢管或钢型材制作及安装（表面镀锌）	221	
		不锈钢框架	/	
三	固定装置			
		预埋件	75	
		转接件	30	
四	密封、防潮、防火、分隔材料			
		隔热条	25	
		密封胶 / 密封胶条	70	
		结构胶 / 耐候胶	55	
		保温岩棉 / 防火岩棉	80	
五	背衬板			
		1.5mm 厚镀锌钢板	90	
		防鸟网 / 防虫网	/	
六	其他项目			
		零星辅材	20	
七	加工及安装			
		加工费用	150	
		安装费用	180	
八	间接费用			
		企业管理费、利润及税金等	280	
九	综合单价		1 612	进位取整

表 12-3　金属屋面（蜂窝铝板，含钢桁架）

序　号	部位/分项	主要项目名称及说明	单位造价（元/m²）	备　注
一	面材			
		20mm 厚蜂窝铝板表面处理（氟碳喷涂）	650	
二	框架			
		铝型材制作及供应（素材）	/	
		铝型材表面处理（阳极氧化）	/	
		铝型材表面处理（氟碳喷涂）	/	
		铝型材表面处理（粉末喷涂）	/	
		钢管或钢型材制作及安装（表面镀锌）	221	
		不锈钢框架	/	
三	固定装置			
		预埋件	75	
		转接件	30	
四	密封、防潮、防火、分隔材料			
		隔热条	25	
		密封胶/密封胶条	70	
		结构胶/耐候胶	55	
		保温岩棉/防火岩棉	80	
五	背衬板			
		1.5mm 厚镀锌钢板	/	
		防鸟网/防虫网	/	
六	其他项目			
		零星辅材	50	
七	加工及安装			
		加工费用	150	
		安装费用	180	
八	间接费用			
		企业管理费、利润及税金等	333	
九	综合单价		1 919	进位取整

图 12-1　曲线屋面（长沙大剧院）

下　篇

装饰造价估算实例

第十三章　造价估算实例说明

一、估算实例概述

为保证收集的数据准确性，我们对指标中每个室内装饰项目案例进行简单的描述，包括开工与竣工时间、施工周期和施工队伍等。因影响室内装饰的效果和经济指标因素众多，希望上述简单描述可使读者对经济指标项目产生的背景和时间有一个大致的了解，便于在使用时进行修正和调整。

本案例中主材价格除特别说明外，一般指材料工厂加工后运至工地现场的价格，以及在施工安装过程中的技术指标、产品维修等费用，不包括现场卸货、场内搬运、安装等费用。

二、估算中需要明确的装饰损耗

装饰损耗是一个重要问题，是在装饰造价中较难处理的一个难点，尤其在一些不规则几何形状的装饰上。在项目整个施工过程中，材料损耗一直在发生。一般在工程中提到的材料施工安装损耗指在装饰材料（成品或半成品）供货商将其运至指定地点后，施工方为完成最终装饰面层效果，在进行安装施工过程中因作业或运输不当而需要额外采购材料的比例。

1. 工厂加工中的损耗

现代计算机技术和数模技术的发展，使得复杂化几何装饰图案的成品或半成品材料的加工和应用成为可能，同时其精细化技术的应用也使得材料损耗的概率大为降低。

2. 施工安装中的损耗

安装过程中的损耗完全依靠现场管理，通过良好的施工管理制度及施工管理人员尽心尽责的管理工作，可以把施工损耗控制在极小的比例。

主要装饰材料的施工安装损耗率如表 13-1 所示。

表 13-1 主要装饰材料的施工安装损耗率

材　料	损耗率/%	材　料	损耗率/%
大理石	2~6	丝绒面	5
花岗岩	2~6	龙骨、铝型材	6
地毯	10	木制品	5
木地板	5	石膏板、矿棉板	5
复合地板	2	乳胶漆、涂料	3~6
地砖	2~6	油漆	3~4
PVC 地板	2~10	铝板、不锈钢板	5~7
面砖	2.5	玻璃	3~7
瓷砖	2~6	五金	1
马赛克	1.5~6	灯具	1~5
墙纸	10~15	开关、插座	2
织锦缎	15	洁具	1
装饰布	10		

第十四章 办公装饰估算实例

在项目开发中，通过整个项目全过程的造价控制来管控整个项目的费用，是一种十分必要的手段。在全过程造价控制理念中，整个项目的目标成本估算尤其重要。目标成本估算反映了在项目实施前期策划阶段开发商对于项目的理念、想法和定位，以及项目的交付标准，同时也是将此项目实施三要素（设计、成本、施工）融合的开始。

一、估算步骤

下面通过一个全装饰甲级办公楼装饰目标成本估算的实际案例来阐述如何编制办公楼项目的目标成本估算。

1. 拿到项目的基本资料，进行资料复核

主要收集方案图纸、项目效果图片（办公大堂、会议室、休息室、敞开办公区等）、交付标准、特殊施工工艺等一切估算需要的素材和标准。在收集完成后，对于此类资料进行复核，对于设计图纸、方案中不明确的重要材料、工艺、工期等需要找出一个明确的答复或解释。

此步骤工作大致需要 3 ~ 7 个工作日。

2. 与开发商、设计、工程明确装饰工程的施工内容、范围和边界

（1）需要明确的装饰范围：公共区域为哪些（是否包括大堂、电梯厅、公共走道、公共卫生间、公共休息区、公共会议室、设备楼层的机房等）？租户区域是否需要装饰？

（2）需要明确的标准：租户区域的装饰交付标准如何？是所有均为毛坯，还是做简单的吊顶、墙面和地面，吊顶是否需要布置灯具？墙面为乳胶漆加踢脚线？地面是否需要架空地板和地毯？

（3）需要明确的施工边界：办公租户层为整层出租，还是分不同大小的隔间？隔墙由土建还是装饰施工？卫生间的防水是否属于装饰施工？卫生洁具及卫浴五金是否属于装饰施工？幕墙内边收口是否属于装饰施工？

此步骤工作大致需要 2 ~ 3 个工作日。

3. 找出差异点，进行询价

根据设计方案、材料样本、施工要求、项目图纸与已有项目指标进行对比，找出差异点，对于这些差异因素（如主要材料和施工工艺）进行询价。

对于类似工程的单方指标和装饰效果，找出主要差异，考虑调整。如：①主要差异

的材料，如大理石、木饰面、墙纸等进行询价。②主要差异的工艺，进行组价或询价。③主要差异的设计效果因素，进行差异调整。

此步骤工作大致需要 3 ~ 7 个工作日。

4. 计算装饰施工区域的面积

计算各区域的单个面积，计算后进行同类汇总，最终形成表 14-1。

表 14-1 施工各区域面积

序 号	区 域 名 称	区域装修面积 /m²	装 修 档 次
1	办公大堂	711	5A 写字楼
2	电梯厅	805	5A 写字楼
3	公共卫生间	1 094	5A 写字楼
4	公共走道	4 047	5A 写字楼
5	租户区	34 164	简易装修
6	辅助用房（楼梯、设备间等）	13 707	
7	电梯轿厢（客梯）	12 部	5A 写字楼
8	电梯轿厢（货梯）	4 部	

此步骤工作大致需要 2 ~ 3 个工作日。

5. 依据询价结果、项目的特征要求来调整各区域的单方指标

（1）办公大堂：用豪华指标 7 245 元 /m²，考虑整个大堂高度大大超出原指标，计算调整后指标为 8 045 元 /m²。

（2）电梯厅：用高档指标 4 360 元 /m²，效果基本匹配，不调整。

（3）公共卫生间：用高档指标 5 360 元 /m²，考虑卫生洁具选择略低，计算调整后指标为 5 130 元 /m²。

（4）公共走道：用高档指标 1 980 元 /m²，效果基本匹配，不调整。

（5）租户区：用普通指标 800 元 /m²，考虑开发商的交付标准为简易装修，计算调整后指标为 650 元 /m²。

（6）辅助用房：由土建施工，不属于装饰范围，不计入装饰工程目标成本估算。

（7）电梯轿厢：仅客梯计入装饰工程目标成本估算内，经天、地、墙简单测算，指标为 48 000 元 / 个。

此步骤工作大致需要 3 ~ 5 个工作日。

二、完成整个项目装饰工程的目标成本估算汇总实例

某项目装饰工程的目标成本估算如表 14-2 所示。

表 14-2　某项目甲级办公楼装饰工程目标成本估算

装饰区域	装饰区域面积	单　价 / 元	合　价 / 元
办公大堂	711m²	8 045	5 719 995
电梯厅	805m²	4 360	3 509 800
公共卫生间	1 094m²	5 130	5 612 220
公共走道	4047m²	1 980	8 013 060
租户区	34 164m²	650	22 206 600
辅助用房（楼梯、设备间等）	13 707m²	（已包括在"土建工程"中）	
电梯轿厢（客梯）	12no.	48 000	576 000
电梯轿厢（服务梯）	4no.	不包括	
合计 装饰面积综合单价	40 821m²	1 118	45 637 878
地上建筑面积综合单价	54 528m²	837	45 639 936

三、编制装饰主要用材标准一览表

根据设计方案、估算的假设标准来编制装饰主要用材标准一览表（表 14-3），明确主要材料采购价格的上限，用来指导日后的采购工作。

四、估算注意事项及小结

完成整个估算工作大致需要 7 ~ 14 个工作日。有些工作可以同步开展（如材料询价等），但为了数据的准确性，切忌极端地压缩时间，否则不仅无法用于后期工作，而且会产生错误的引导，导致后期工作困难重重，得不偿失。

整个项目的估算是指导日后成本管控工作的起点和灵魂，因此编制一个正确的、具有参考意义的估算是考验一个成本工作人员是否有经验的重要标准，同时也在考核其认真负责的态度。

表 14-3　办公楼装饰用材料标准

序号	部位	地坪		墙(柱)面		天棚		其他		备注
		主要用材	假设物料单价	主要用材	假设物料单价	主要用材	假设物料单价	主要用材	假设物料标准	
1.1	大堂区域	进口大理石	1000元/m²	进口大理石	1000元/m²	造型石膏板/金属板天棚	150/780元/m²(含龙骨)			5A写字楼(豪华大堂标准)
1.1	租户区	塑胶地板	90元/m²	木饰面踢脚线/涂料	20元/m 15元/m²	矿棉板天花	100元/m²(含配套龙骨)			5A写字楼(办公简易标准)
1.2	公共走道	方形块毯	100元/m²	木饰面踢脚线/涂料	20元/m 15元/m²	石膏板天花	100元/m²(含龙骨)			5A写字楼(高档标准走道标准)
1.3	电梯等候厅	进口大理石	1000元/m²	进口大理石	1000元/m²	造型石膏板吊顶	150元/m²(含龙骨)			5A写字楼(高档电梯厅标准)
1.4	公共卫生间	玻化地砖	120元/m²	面砖/镜面玻璃	100元/m² 110元/m²	防潮石膏板吊顶	120元/m²(含龙骨)	洁具及卫浴配件成品卫生隔断	假设采用合资品牌产品富美家抗倍特或同档板系列	5A写字楼(高档公共卫生间标准)

第十五章　酒店装饰估算实例

一、估算步骤

在项目前期需要根据酒店方案做出酒店精装修测算，根据酒店各个区域的实际装饰指标可计算出整个酒店项目的装饰造价的每平方米造价，具体步骤如下：

（1）收集资料（方案图、效果图、酒店客房数量、客房面积、房型图 ROOMMIX、平面布置图）。

（2）与业主沟通，明确酒店装饰档次、酒店品牌和标准。

（3）明确装饰估算的边界范围。

（4）选择合理的最近类似案例。

（5）计算装饰面积。

（6）根据方案进行主要材料询价、确定估算的材料标准和品牌。

（7）根据样板房图进行一间标准客房的测算。

（8）根据计算的酒店公共区域面积和酒店案例进行酒店公共区域的估算。

（9）进行装饰工程的估算汇总。

（10）检查算术错误，进行指标修正。

（11）编写编制说明和需要注意的问题。

（12）在完成估算时不要忘记材料、人工等因素涨价等不可预见费用。

二、估算实例

上海某五星级商务酒店装饰工程的目标成本估算实例如下：

（1）按上述步骤的第 1、2、3 项，首先明确本装饰工程的目标成本边界为仅含天、地、墙、门及五金、灯具、开关面板、卫浴小五金，以及卫生洁具和五金的界面，其他拆除工程、结构改造和加固、活动家具、活动灯具、机电管线、标示标志、软装和电器均不包括在此目标成本估算内。

（2）按上述步骤的第 4、5、6 项，对于有差异部分确定材料品牌和标准后询价。

（3）按上述步骤的第 7 项，根据样板房的方案图纸测算一个标准房间的造价。

（4）按上述步骤的第 8 项，选择类似项目的单方造价指标并根据差异进行调整。

（5）按上述步骤的第 9、10、11、12 项，完善整个装饰工程的目标成本估算。

三、估算注意事项

估算注意事项有以下几点，公共区域装饰面积计算和目标成本估算见表 15-1、表 15-2。

（1）计算的是装饰面积，需要扣除其墙体部分。

（2）有完整的房型表 ROOMMIX，估算整个酒店装饰造价。

（3）一般行政楼层的酒店装饰造价指标比普通标准房间贵些。

（4）注重卫生间中卫生洁具的品牌和标准，大套房的卫生间具有多个卫生间，且其卫生洁具一般布置名贵的卫生洁具，配置按摩浴缸、恒温龙头、多台盆等已成为套房标准配置。

（5）进口产品的价格差异性较大，宜事先询价后计入。

（6）目标成本估算假设必须清晰，能列出天、地、墙的主要材料价格。

（7）酒店公共区域部分造价受工艺、工法的影响较客区部分更多，关注层高对造价指标的影响；艺术品、收藏品的价值无法估计，此部分的费用不考虑在整个估算内。

表 15-1　计算公共区域的装饰面积

楼　层	功　能　分　区	使用面积 /m²
一层		1 604.00
	入口大堂	294.00
	电梯厅	55.00
	咖啡厅	375.00
	酒吧、休息室	145.00
	日式餐厅	204.00
	雪茄吧	223.00
	卫生间	65.00
二层		1 736.00
	公共走廊	145.00
	电梯厅	55.00
	中餐厅	879.00
	多功能厅	264.00
	中式小馆	176.00
	休息区	120.00
	卫生间	67.00

（续表）

楼　层	功能分区	使用面积 /m²
	小卖部	30.00
三层		1 540.00
	公共走廊	305.00
	电梯厅	55.00
	宴会厅	614.00
	多功能厅	229.00
	商务中心	337.00
	卫生间	67.00
四层		1 486.00
	公共走廊	101.00
	卫生间	67.00
	桑拿中心	545.00
	康健中心及室内泳池中心	773.00
三十三～三十四层		598.00
	俱乐部	598.00

表 15-2　某五星级酒店装饰工程的目标成本估算

楼　层	功能分区	使用面积 /m²	区域合价 / 万元	实际单方造价 / （元 /m²）
一层		1 361	905.80	6 655
	入口大堂	294	213.00	7 245
	电梯厅	55	39.41	7 165
	咖啡厅	375	219.00	5 840
	酒吧、休息室	145	84.68	5 840
	日式餐厅	204	149.12	7 310
	雪茄吧	223	148.07	6 640
	卫生间	65	52.52	8 080
二层		1 736	945.28	5 445
	公共走廊	145	48.58	3 350
	电梯厅	55	39.41	7 165

（续表）

楼　层	功　能　分　区			使用面积 /m²	区域合价 / 万元	实际单方造价 / （元 /m²）
	中餐厅			879	581.02	6 610
	多功能厅			264	61.91	2 345
	中式小馆			176	98.74	5 610
	休息区			120	40.62	3 385
	卫生间			67	54.14	8 080
	小卖部			30	20.88	6 960
三层				1 607	770.22	4 793
	公共走廊			305	102.18	3 350
	电梯厅			55	39.41	7 165
	宴会厅			614	441.77	7 195
	多功能厅			229	53.70	2 345
	商务中心			337	79.03	2 345
	卫生间			67	54.14	8 080
四层				1 486	846.53	5 697
	公共走廊			101	33.84	3 350
	卫生间			67	54.14	8 080
	桑拿中心			545	361.61	6 635
	康健中心及室内泳池中心			773	396.94	5 135
六 ~ 十九层				10 669	5 855.52	5 488
	公共部位			2 254	974.65	4 324
		公共走廊		1 484	422.94	2 850
		电梯厅		770	551.71	7 165
	标准房			7 140	3 764.25	5 272
		客房		5 040	1 827.00	3 625
		卫生间		2 100	1 937.25	9 225
	两间套			770	492.58	6 397
		套房		650	381.88	5 875
		卫生间		120	110.70	9 225
	总统套房			505	624.04	12 357

（续表）

楼　层	功　能　分　区	使用面积 /m²	区域合价 /万元	实际单方造价 /（元 /m²）
	总统套房	385	453.34	11 775
	卫生间	120	170.70	14 225
二十～二十六层		5 257	2 713.24	5 161
	公共走廊、电梯厅	1 000	432.40	4 324
	标准房	3 933	2 073.48	5 272
	两间套	324	207.26	6 397
二十七～三十二层		3 902	2 259.35	5 790
	公共走廊、电梯厅	613	265.06	4 324
	标准房	2 310	1 217.83	5 272
	两间套	171	109.39	6 397
	三间套	156	99.79	6 397
	复式套房	400	255.88	6 397
	总统套房	252	311.40	12 357
三十三～三十四层		598	349.23	5 840
	俱乐部	598	349.23	5 840
		26 616	14 645.17	5 502

　　注：①上述估算内未包括非精装饰部位，如地下室、后勤用房、工作间、楼梯间等；②日本餐厅因设计开放式厨房，将单方指标调高至 7 310 元 /m²；③雪茄吧比普通酒店造价略高，将单方指标调高至 6 640 元 /m²；④多功能厅单方指标参考会议室（高档），2 345 元 /m²；⑤中式小馆为普通五星级酒店中餐厅，将单方指标调低至 5 610 元 /m²；⑥商务休息区采用休息区（高档），3 385 元 /m²；⑦公共走道采用豪华标准；⑧桑拿中心设计标准高于普通五星级酒店，将单方指标调高至 6 635 元 /m²；⑨客区公共走廊设计简约，将单方指标调低至 2 850 元 /m²；⑩卫生间标准采用铸铁按摩浴缸，卫生洁具和五金品牌为国际一流品牌，产品为最新时尚款式，将单方指标调高至 12 357 元 /m²；⑪20～37 层的公共走廊、标准房、套房、总统套房均按 6～19 层的综合单方指标进行折算而得。

四、估算实例小结

　　一般完整的酒店估算完成时间需要 14～28 个工作日，详细的数据和计算对于日后的工作有着巨大意义，不可马虎。笔者曾经编制的详细酒店估算，在工程建成后进行复盘对比，发现基本在控制范围内，且酒店建造的三年半时间内，估算作为重要的参考数据，一直在进行比对、控制和调整，整个项目建成既经济又满足设计风格，同时也获得外资酒店管理公司的认可。这样的项目可以算得上真正的成功（图 15-1）。

在估算编制中，估算的编制说明（如上述案例中的备注）尤其重要，在编制说明中明确了项目估算的边界、范围、价格等要素，充分体现了编制人员的经验和成熟度。

图 15-1　五星级酒店大堂、宴会厅、咖啡吧、SPA 案例图

第十六章　装饰材料选择及其他相关内容

在装饰工程中，材料质量是建筑装饰设计的物化基础，材料的选择贯穿于装饰工程设计的全过程，成为保证建筑装饰质量的重要环节之一。装饰工程的效果及功能是通过装饰材料的质感、色彩、图案等因素来体现的，并通过有效的施工工艺实现装饰目的。

装饰工程中装饰材料的成本占到总成本的 40% ~ 70%，因此，不论是装饰工程设计师，还是装饰工程施工技术人员，都必须熟悉装饰材料的种类、性能、特点及变化规律，并及时掌握装饰材料的发展趋势，以保证设计得心应手，并且还要考虑此材料的稳定性和性价比。

一、装饰材料选择原则

装饰材料的选择直接影响装饰工程的使用功能和装饰效果，因此装饰材料的选择应在满足保护功能、使用功能和美化功能前提下，充分考虑材料的性能、外观及适用范围，对材料进行合理的搭配使用，以达到理想的效果。在装饰工程中，材料的选择尤为重要，优秀的设计师都会十分关注材料的品牌。良好的品牌在材料的生产、质量和价格上均有很好的保证。

一般情况下，装饰材料的品牌选择时应遵循以下原则：①五星级酒店及重要的装饰工程一般选用国际上通用的材料品牌，其品牌获得不同国家和标准的考验，且作为全世界流行的材料风向，在具备材料基础前提下使用国际化流通设计语言，容易获得世界上优秀设计师的认可。②小众化、奢侈的装饰工程的材料品牌应选用精品化、奢侈材料品牌，其独特的设计创新力是确保此类项目成功的关键，同时也成为时尚设计师的首选。③中档的装饰工程主要选用大众化、稳定的国内一流或合资材料品牌，其具备良好的定制加工的能力，亦能满足富有创意的设计师的需求。

如果传统材料的习惯性运用能为人们熟悉与认同，那么超常规、反传统、非习惯的材料运用方式则能引起人们的震撼与轰动或者视觉的洗礼、心灵的感悟。当然，材料的这种利用形式源于材料特质与设计空间的异质性，而不是刻意地追求怪异，以达到美的视觉和触觉效果。建筑设计中，材料的运用一般不仅仅是单一材料的运用，经常是多种材料的组合。这需要从材料特性、建筑性质、经济因素、使用部位及设计师对不同材料的认识程度等诸多方面作具体的分析、对比后才能决定。在设计中如何通过材料及构造的运用创造出一个既能表达出建筑气质，又不单调、不过于繁杂的外在形式，就需要设计师对材料及构造有足够的认识及把握"度"的能力，同时也需要设计师有一个良好的、成熟的心态。

二、与装饰工程相关内容介绍与分析

虽然本书的装饰工程指标中不涉及窗帘的内容和费用，但在实际工程中，窗帘、活动家具、墙体等为整个装饰工程的配套施工内容。在广义的某种程度上，上述内容亦可作为装饰工程的边际交叉工作。因此，下面简单介绍窗帘、活动家具、墙体等在装饰工程中的应用。

1. 窗帘

窗帘是由布、麻、纱、铝片、木片、金属材料等制作的，具有遮阳隔热和调节室内光线的功能。布帘按材质分，有棉纱布、涤纶布、涤棉混纺、棉麻混纺、无纺布等。不同的材质、纹理、颜色、图案等综合起来就形成了不同风格的布帘，配合不同风格的室内设计窗帘。窗帘的控制方式分为手动和电动。手动窗帘包括手动开合帘、手动拉珠卷帘、手动丝柔垂帘、手动木百叶、手动罗马帘、手动风琴帘等。电动窗帘包括电动开合帘、电动卷帘、电动丝柔百叶、电动天棚帘、电动木百叶、电动罗马帘、电动风琴帘等。窗帘根据使用部位不同，还可分为室内窗帘和室外窗帘。因目前我国对于建筑节能要求，外遮阳（室外窗帘）日渐受到重视，外遮阳也根据不同使用部位分为室外天棚遮阳和外立面遮阳，同时也可分为固定式和电动式。

（1）面料是窗帘的重要部分，面料性能要求：①防火标准和防火等级；②面料中有害物质含量、甲醛含量等环保标准；③效果、性能；④日晒色牢度；⑤加工工艺。

（2）窗帘杆等辅助件型材主要性能：①材料表面处理；②材料材质、性能、壁厚等；③型材主要机械性能。

（3）根据窗帘串联的样式可分为：平拉式、掀帘式、楣帘式、升降帘（百叶帘）、绷窗固定式。

（4）窗帘的褶皱系数。计算窗帘工程是按其垂直投影面积计算，但窗帘组价中要根据窗帘的褶皱系数分别计算布料、主杆、搭扣和吊环等辅件，以及人工安装费、管理费、利润、税金等。一般窗帘的褶皱系数为 2.5，但罗马帘等特殊形式的褶皱系统会更高一些。

（5）窗帘的价格如表 16-1 所示。

表 16-1　窗帘的价格

序　号	室内窗帘	普通 /（元 /m²）	高档 /（元 /m²）	豪华 /（元 /m²）
1	手动帘			
（1）	升降帘	100 ~ 200	200 ~ 400	400 ~ 1 000
（2）	平拉式	120 ~ 250	250 ~ 450	450 ~ 1 000
2	电动帘			
（1）	升降帘	400 ~ 550	550 ~ 850	850 ~ 1 200

（续表）

序　号	室内窗帘	普通/（元/m²）	高档/（元/m²）	豪华/（元/m²）
（2）	平拉式	420～650	650～950	950～1 250
3	室外遮阳帘			
（1）	固定铝合金遮阳	400～600	600～1 000	—
（2）	电动铝合金遮阳	500～800	800～1 500	—

2. 活动家具

1）活动家具概述

家具由材料、结构、外观形式和功能四种因素组成。其中，功能是先导，是推动家具发展的动力；结构是主干，是实现功能的基础。由于家具是为了满足人们一定的物质需求和使用目的而设计与制作的，因此家具还具有功能和外观形式方面的因素。家具的类型、数量、功能、形式、风格和制作水平及当时的占有情况，还反映了一个国家与地区在某一历史时期的社会生活方式、社会物质文明的水平及历史文化特征。家具是某一国家或地域在某一历史时期社会生产力发展水平的标志，是某种生活方式的缩影，是某种文化形态的显现，因而家具凝聚了丰富而深刻的社会性。

家具根据其固定性，可分为活动家具和固定家具。

随着设计和制作水平工厂化，原来的活动家具逐步变化为固定家具，且根据空间形态进行定制，节约空间。这已然成为家具行业的一个重要发展趋势。因此，目前活动与固定家具的划分也越来越含糊。比如酒店，原来的活动家具多指衣橱、桌子、床、沙发等物品，现在衣柜一般设计为固定嵌入式，就可划归为固定家具。

为配套装饰工程，活动家具是最终装饰效果的重要组成。在工程中，活动家具可分为办公家具和酒店家具两个大类。

2）办公活动家具

其功能主要是办公用途，一般为满足日常办公工作和社会活动中为起居或工作方便而配备的用具，主要有储藏、归类、安放、会议、休息等功能。办公活动家具的造价指标见表16–2。

表16–2　办公活动家具的造价指标

序　号	办公活动家具	普通/（元/套）	高档/（元/套）	豪华/（元/套）
1	办公桌椅（包括写字桌、写字椅）	1 200	2 000	4 000
2	独立办公室家具	5 000	15 000	30 000
3	会议室家具	7 500	15 000	40 000

3）酒店活动家具

一般为满足日常住宿、工作和社会活动中为起居而配备的用具，主要有储藏、归类、卫生、安放、就寝等功能。酒店家具更为家居化和生活化。酒店活动家具造价指标见表16-3。

表 16-3   酒店活动家具的造价指标

序　号	酒店活动家具	普通 /（元/m²）	高档 /（元/m²）	豪华 /（元/m²）
1	客房活动家具	600 ~ 800	800 ~ 1 400	1 400 ~ 2 500
2	宴会厅活动家具	—	800 ~ 1 200	1 200 ~ 1 800
3	餐厅活动家具	300 ~ 450	450 ~ 650	650 ~ 1 300
4	大堂活动家具	500 ~ 650	650 ~ 850	850 ~ 1 500

3. 墙体

1）墙体的划分

作为空间分割的墙体可由多种材料组成，根据不同的面层材料，墙体可分为石膏板隔墙、专业隔音墙（中间隔音棉、面层软包饰面）、水泥埃特板隔墙、玻璃隔断隔墙等。

2）酒店特殊隔音墙体

在酒店工程中，专业隔音墙经常使用在酒店宴会厅、会议室和餐厅包房中，因其特殊性，在此特别叙述一下（图16-1、图16-2）。

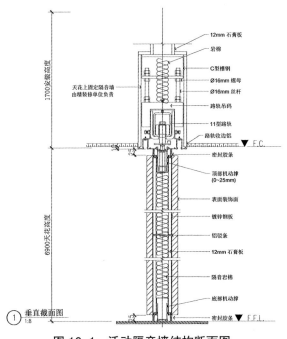

图 16-1　活动隔音墙结构断面图

图 16-2　酒店宴会厅

　　通常专业隔音墙主要包括吊顶上方钢架、钢梁、内胆钢框架、外饰面（布艺饰面 /
木饰面）、滑轨五金、限位五金、拉手五金、隔音棉等。

　　在酒店工程中，专业隔音墙的造价见表 16-4。

表 16-4　专业隔音墙的价格

序号	专业隔音墙	普通 /（元 /m²）	高档 /（元 /m²）	豪华 /（元 /m²）
1	不包括面层材料 （包括活动导轨、钢骨架、隔音棉等）	600 ~ 800	800 ~ 1 400	1 400 ~ 2 500
2	面层材料			
	布艺	100 ~ 250	250 ~ 450	450 ~ 1 500
	木饰面	300 ~ 450	450 ~ 650	650 ~ 1 300

第十七章　装饰造价数据管理及应用

工程造价行业所处的建筑行业受限于行业的传统特性和专业特性，导致工程造价行业的数字化仅停留在基础应用上，如手工计价被软件计价取代，但也仅仅是解决了使用计算器的工作量，并未达到智能的程度。

现阶段建筑工程造价资料积累、造价指标的分析还停留在手工时代，而数据积累分析的工作量相当浩大、烦琐，且采用手工统计较难实现对工程造价数据的系统、全面的分析。因此，利用计算机技术和网络技术进行工程造价指标系统的建立和分析，是非常重要的工作。

建筑工程造价指标的数据积累和分析工作主要是围绕项目概要、时间权重、工程类别、含量指标、价格指标等因素展开。其中，工程类别就达到100多项，含量指标还会因建设地点、工程类别、结构形式、楼层数、高度等不同而有相当大的差异，而价格指标分为单项工程指标、专业分包工程指标、综合单价指标、材料和设备供应单价指标。工程造价指标分析的影响因素很多，而这些因素的分析标准和边界内容不统一，也会给造价指标分析工作带来技术壁垒。

建筑工程造价指标信息具有数据量大、结构复杂、区域性、时效性等特点，若要有效收集、整理、分析这些数据并发挥造价指标的作用，必须借助互联网、大数据等信息技术，这也是社会进步和发展的必然趋势。基于此，我们结合工程造价实际业务需要和大数据技术特点，研究并开发了"建设项目全过程咨询服务平台"（www.icostmp.com），以便造价咨询专业人员在完成日常工作、编制咨询成果文件的同时，通过"建设项目全过程咨询服务平台"生产、收集和分析数据，将工程造价实际业务数字化，并且实现了工程造价业务全链条数字化。

整个项目中装饰工程的造价较为特殊，我们根据建筑项目装饰工程造价的特点研发了装饰造价平台。

一、装饰造价平台的主要内容

1.创建项目

1）输入项目信息

2）创建项目结构

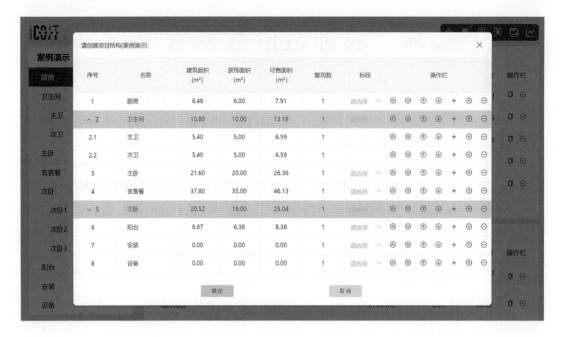

2. 编制装饰工程量清单

1）编制分部分项清单子目

新建清单

项目名称:	···	主材外单价:	
单位:	请选择 ▼	人工:	0
计算公式:		辅材费:	0
数量:	0	机械费:	0
主材名称:	···	工作内容:	
主材品牌/型号:	···	系统:	地面 ▼
主材规格:		专业:	请选择 ▼
主材费(含损耗):		采购方式:	乙供 ▼
不含税单价(元):	0	合约规划:	精装总包 ▼
含税单价(元):	0	备注:	
税率(%):	13		
施工损耗(%):	0		
排版损耗(%):	0		
损耗说明:			

【新建清单】

详情 ✕

分部分项费(元)	分部分项费(含综合费)(元)	含税分部分项总价(元)	总造价(元)
332.39	344.00	374.96	374.96

∨ 一 主材费(含损耗)

主材品牌/型号	含税材料单价(元)	除税材料单价(元)	税率(%)	施工损耗 %	排版损耗 %	损耗说明
意大利灰（不限品牌，乙供）	678.00	600.00	13	2	0	

∨ 二 安装费

清单编码	项目名称	人工+辅材+机械(元)	人工(元)	辅材(元)	机械(元)
01110200200100 1	大理石门槛	161.00	135.00	0.00	26.00

∨ 其他

修改　　　删除　　　取消

【查看清单详情】

【功能区 – 厨房对应清单内容】

【功能区 – 主卫对应清单内容】

【功能区 – 玄客餐对应清单内容】

【功能区－主卧对应清单内容】

地面 ∨					
名称	主材	数量	综合单价	总造价	操作栏
木地板	北美风情	19.410 m²	90.90	1,816.78	☐ ⊖
大理石门槛	意大利灰（不限品牌，乙供）	0.110 m²	773.00	95.92	☐ ⊖
地板配套成品木踢脚线70㎜	肯帝亚PVC膜	19.800 m	17.81	352.60	☐ ⊖
⊕					

墙面 ∨					
名称	主材	数量	综合单价	总造价	操作栏
墙面乳胶漆	多乐士专业尊享抗甲醛5合1内墙漆K7501+多乐士专业尊享强效抗碱内墙底漆K7202+多乐士专业通用型内墙腻子A157	50.610 m²	32.17	1,742.08	☐ ⊖
窗台板	仿意大利灰（不限品牌，见样板）	2.020 m²	460.60	1,056.42	☐ ⊖

【功能区－设备对应清单内容】

空调 ∨					
名称	主材	数量	综合单价	总造价	操作栏
空调	美的	1.000 套	27,725.16	27,725.16	☐ ⊖
⊕					

新风 ∨					
名称	主材	数量	综合单价	总造价	操作栏
新风系统	爱迪士	1.000 套	2,311.05	2,311.05	☐ ⊖
⊕					

智能家居 ∨					
名称	主材	数量	综合单价	总造价	操作栏
智能家居		127.000 m²	43.10	5,473.70	☐ ⊖

【功能区 - 安装对应清单内容】

2）编制措施项目

3）编制甲供材/甲分包配合费

查看/编辑价格(案例演示)

| | 项目信息 | 分部分项费 | 措施费 | 甲供材/甲分包配合费 | 报价汇总表 | 统计 | 报表 |

序号	项目名称	单位	金额	费率(%)	合价(元) 税前	合价(元) 税后
	合计		85,055.68		1,242.08	1,353.86
∧ 1	甲分包		62,103.79		1,242.08	1,353.86
1.1	厨房电器供货及安装	项	2,006.34	2	40.13	43.74
1.2	橱柜及收纳供货及安装	项	13,240.64	2	264.81	288.65
1.3	户内门供货及安装	项	7,132.36	2	142.65	155.49
1.4	净水器供货及安装	项	545.00	2	10.90	11.88
1.5	淋浴隔断供货及安装	项	2,040.29	2	40.81	44.48
1.6	踢脚线供货	项	1,629.25	2	32.59	35.52
1.7	新风供货及安装	项	2,311.05	2	46.22	50.38
1.8	智能家居供货及安装	项	5,473.70	2	109.47	119.33
1.9	中央空调供货及安装	项	27,725.16	2	554.50	604.41

4）编制报价汇总表

查看/编辑价格(案例演示)

| | 项目信息 | 分部分项费 | 措施费 | 甲供材/甲分包配合费 | 报价汇总表 ⟳ | 统计 | 报表 |

勾选	序号	费用代号	专业工程	说明	计费基数	费率%	合计
⊘	一	A	分部分项费(含综合费)		A1+A2	···	51,983.48
⊘	1	A1	分部分项费		分部分项费整体&	···	49,710.47
⊘	2	A2	综合费		综合费用&	···	2,273.01
⊘	二	B	措施费		措施费&	···	5,345.58
⊘	三	C	甲供材|甲分包配合费		甲供甲分包配合费&	···	1,242.08
⊘	四	D	费用小计		A+B+C	···	58,571.14
⊘	五	E	税金		D	···	9	5,271.40
⊘	六	F	含税分部分项总价		D+E	···	63,842.54
⊘	七	G	甲供材及甲分包		甲供材&+甲分包费&	···	85,055.68
⊘	八	H	总造价(静态)		F+G	···	148,898.22
⊘	九	I	签证变更		H	···	5	7,444.91
⊘	十	J	总造价(动态)		H+I	···	156,343.13

3. 生成装饰工程量清单

1）根据实际业务选择生成的成果文件

2）选择生成的成果文件类型

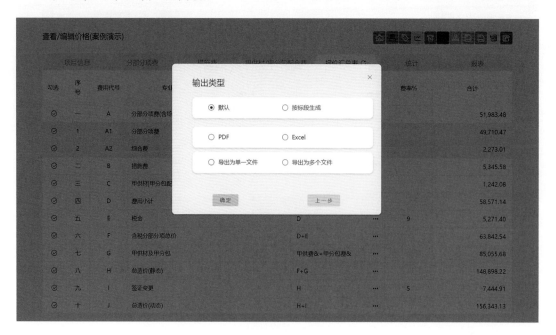

3）生成的成果文件结果

分部分项工程量清单与计价表

（表格内容略，为 Excel 截图）

二、装饰造价数据分析

1. 功能区纬度

1）功能区指标

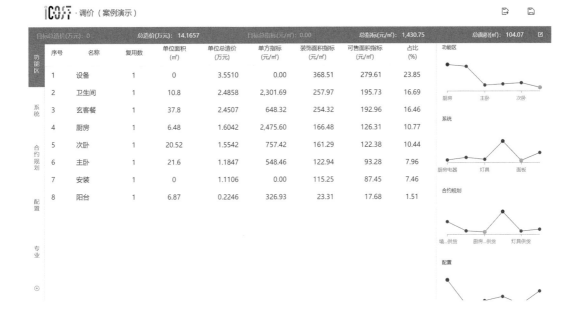

iCOST · 调价（案例演示）

目标总造价(万元)：0　　总造价(万元)：14.1657　　目标总指标(元/㎡)：0.00　　总指标(元/㎡)：1,430.75　　总面积(㎡)：104.07

序号	名称	复用数	单位面积(㎡)	单位总造价(万元)	单方指标(元/㎡)	装饰面积指标(元/㎡)	可售面积指标(元/㎡)	占比(%)
1	设备	1	0	3.5510	0.00	368.51	279.61	23.85
2	卫生间	1	10.8	2.4858	2,301.69	257.97	195.73	16.69
3	玄客餐	1	37.8	2.4507	648.32	254.32	192.96	16.46
4	厨房	1	6.48	1.6042	2,475.60	166.48	126.31	10.77
5	次卧	1	20.52	1.5542	757.42	161.29	122.38	10.44
6	主卧	1	21.6	1.1847	548.46	122.94	93.28	7.96
7	安装	1	0	1.1106	0.00	115.25	87.45	7.46
8	阳台	1	6.87	0.2246	326.93	23.31	17.68	1.51

2）功能区下系统指标

序号	名称	单位总造价（万元）	单方指标（元/㎡）	装饰面积指标（元/㎡）	可售面积指标（元/㎡）	占比（%）
1	橱柜	0.5015	48.19	52.04	39.49	3.37
2	厨房电器	0.2551	24.52	26.48	20.09	1.71
3	内门及门套	0.2320	22.30	24.08	18.27	1.56
4	墙面	0.2221	21.34	23.04	17.48	1.49
5	水槽五金	0.1564	15.03	16.23	12.32	1.05
6	地面	0.1454	13.97	15.09	11.45	0.98
7	天花	0.0368	3.53	3.82	2.90	0.25
8	面板	0.0290	2.79	3.01	2.29	0.20
9	灯具	0.0258	2.48	2.68	2.03	0.17

设备：3.5510万元（23.85%）
卫生间：2.4858万元（16.6%）
玄客餐：2.4507万元（16.4%）
厨房：1.6042万元（10.77%）
次卧：1.5542万元（10.44%）
主卧：1.1847万元（7.96%）
安装：1.1106万元（7.46%）
阳台：0.2246万元（1.51%）

2. 系统纬度

系统指标

序号	名称	总造价含复用数（万元）	单方指标（元/㎡）	装饰面积指标（元/㎡）	可售面积指标（元/㎡）	占比（%）
1	空调	2.7725	266.41	287.72	218.31	18.62
2	地面	2.0917	200.99	217.08	164.70	14.05
3	墙面	1.6745	160.90	173.77	131.85	11.25
4	天花	1.6668	160.16	172.97	131.24	11.19
5	安装	1.1106	106.71	115.25	87.45	7.46
6	内门及门套	0.9695	93.16	100.61	76.34	6.51
7	洁具五金	0.5714	54.90	59.30	44.99	3.84
8	卫浴柜	0.5535	53.18	57.44	43.58	3.72
9	智能家居	0.5474	52.60	56.80	43.10	3.68
10	橱柜	0.5015	48.19	52.04	39.49	3.37
11	灯具	0.3189	30.64	33.09	25.11	2.14
12	收纳	0.2691	25.86	27.93	21.19	1.81
13	厨房电器	0.2551	24.52	26.48	20.09	1.71

3. 合约规划纬度

合约规划指标

序号	名称	供货方式	金额(万元)	单方指标(元/㎡)
1	中央空调供货及安装	甲分包	2.7725	266.41
2	橱柜及收纳供货及安装	甲分包	1.3241	127.23
3	墙地砖供货	甲供	0.7426	71.35
4	户内门供货及安装	甲分包	0.7132	68.53
5	智能家居供货及安装	甲分包	0.5474	52.60
6	洁具龙头五金供货	甲供	0.4714	45.30
7	地板供应	甲供	0.2919	28.05
8	内墙涂料供货	甲供	0.2326	22.35
9	新风供货及安装	甲分包	0.2311	22.21
10	淋浴隔断供货及安装	甲分包	0.2040	19.60
11	厨房电器供货及安装	甲分包	0.2006	19.28
12	灯具供货	甲供	0.1849	17.77
13	踢脚线供货	甲分包	0.1629	15.66

4. 配置纬度

1）配置指标

序号	名称	合价含复用数(万元)	单方指标(元/㎡)	占比(%)
1	成品组件	1.5281	146.83	10.26
2	门窗幕墙	0.8762	84.19	5.88
3	陶瓷	0.7426	71.35	4.99
4	洁具	0.5554	53.37	3.73
5	灯具/光源	0.3135	30.13	2.11
6	涂料	0.2244	21.56	1.51
7	石材	0.1659	15.94	1.11
8	开关/插座	0.1064	10.22	0.71
9	厨房设备	0.0818	7.86	0.55

2）配置二级指标

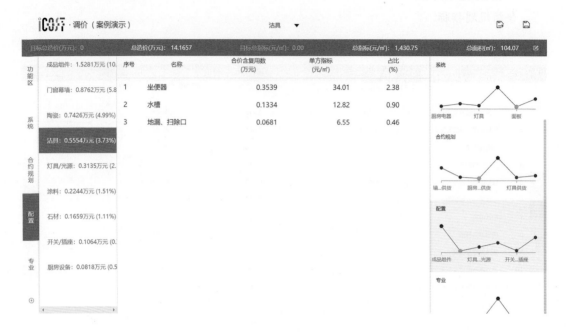

3）配置品牌指标

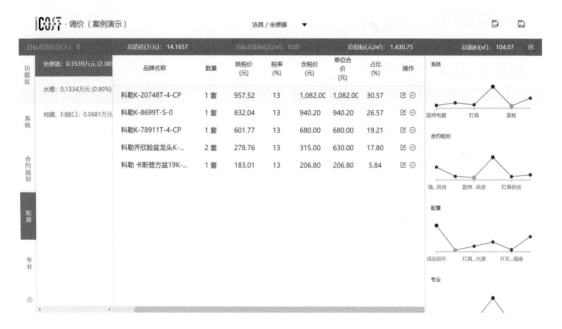

5. 专业纬度

专业指标对比

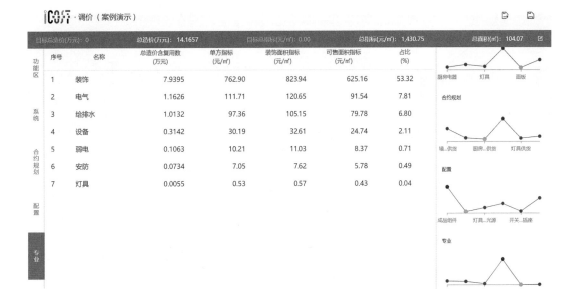

序号	名称	总造价含复用数(万元)	单方指标(元/㎡)	装饰面积指标(元/㎡)	可售面积指标(元/㎡)	占比(%)
1	装饰	7.9395	762.90	823.94	625.16	53.32
2	电气	1.1626	111.71	120.65	91.54	7.81
3	给排水	1.0132	97.36	105.15	79.78	6.80
4	设备	0.3142	30.19	32.61	24.74	2.11
5	弱电	0.1063	10.21	11.03	8.37	0.71
6	安防	0.0734	7.05	7.62	5.78	0.49
7	灯具	0.0055	0.53	0.57	0.43	0.04

三、装饰造价数据应用

数据整理分析的最大目的是应用，如何将以上的数据指标有效地应用于项目开发前期和实施阶段是人们最为关注的问题。"智能装饰估价系统"的研究和开发意图在前述基础数据积累的基础上，形成可应用的数据指标，从而实现工程造价的大数据应用。

在项目规模、功能、标准基本确定的基础上，可利用"智能装饰估价系统"预估项目在正常的设计、施工周期内为完成该项目所需投入的工程建设费用。

因此，每位关注于我们申元的客户，都可以通过申元的"建设项目全过程咨询服务平台"（www.icostmp.com），就项目做一份初步的投资估算。估算步骤具体如下：

1. 选择项目类别及输入面积

2. 智能估价结果 – 功能区

3. 智能估价结果 – 系统

4. 智能估价结果 – 配置

由于工程项目建设地点、建筑造型、功能设置、建设标准不同的特点，所以在数据指标使用时要特别注意，有些数据可以直接使用，有些数据需要调整后使用。因此若要获得更精准和贴切的投资估算，还是需要通过后台量身定制。

未来，随着 BIM 技术的广泛应用，以及"互联网＋"的风潮来袭，建筑造价数字化是社会、行业发展的必然趋势。通过 BIM 技术和"互联网＋"的整合，大数据应用将会变得更方便、快捷和高效，建筑造价的管理也会变得更有效和精细化。

参考文献

[1] 袁新华. 中外建筑史［M］. 北京：北京大学出版社，2009.

[2] 约翰·派尔. 世界室内设计史［M］. 刘先觉，陈宇琳，译. 北京：中国建筑工业出版社，2007.

[3] 上海万创文化传媒有限公司. 国际精品酒店［M］. 大连：大连理工大学出版社，2011.